Die Ladys in den fliegenden Kisten

Günter Schmitt

Die Ladys in den fliegenden Kisten

Brandenburgisches Verlagshaus

Schmitt, Günter: Die Ladys in den fliegenden Kisten
von Günter Schmitt, – 1. Aufl. – Brandenburg.
-Verl.-Haus, 1993. - 160 S., 124 Abb.

ISBN 3-89488-053-8

1. Auflage
© Brandenburgisches Verlagshaus, Berlin 1993
Printed in Germany
Gesamtgestaltung: Ingo Scheffler
Satz: AS Satz & Grafik
Druck und Binden: Interdruck Leipzig GmbH

Inhalt

Vorangestelltes

Es ist schon erstaunlich, wie verhältnismäßig wenig in und aus der Zeit der beginnenden Luftfahrt – ob mit Ballonen oder Motorflugzeugen – über Frauen zu finden ist, die sich daran aktiv beteiligten. Und irgendwie beschämend ist es auch, nur hat man es damals wohl in der öffentlichen Meinung nicht empfunden.

Schon in zeitgenössischen Veröffentlichungen, soweit überliefert, sind kaum, eigentlich gar nicht, Ansätze ernsthafter charakterisierender Persönlichkeitsbeschreibungen über Luftfahrerinnen zu finden. Hingegen wurde recht gern festgehalten, wie die Frauen bekleidet waren, wenn sie ins Flugzeug stiegen. Auch Unfallbeschreibungen galten wohl als besonders mitteilenswert, denn darüber finden sich spektakuläre Details, die Gruseln machen – aber angereichert mit Widersprüchen und oft phantasiereichen Zutaten.

In späteren Jahrzehnten wurden solche Schilderungen von einzelnen Autoren in dem Bemühen, sachkundige Beurteilungen nachzureichen, mit subjektiven Ausdeutungen versehen, und so kamen letztendlich ganz und gar voneinander abweichende Darstellungen zustande, die so auch festgeschrieben und bis in die Gegenwart transportiert worden sind. Was zumindest insofern verständlich ist, als keiner der fortschreibenden Nachgeborenen unmittelbarer Augenzeuge des jeweiligen Geschehens war, weshalb er, je nach innerer Einstellung zum Thema, vor der Wahl stand, entweder die eine oder die andere Darstellung zu übernehmen – oder eine

weitere zu formulieren, als Synthese gewissermaßen.

Das ist für den in der früheren oder neueren Literatur Suchenden leicht verträglich, solange die Quellen vermerkt sind, aus denen der Nichtaugenzeuge seine wesentlichen daten- oder ereignisbezogenen Informationen schöpfen konnte oder mußte. Das ist leider nicht immer der Fall, doch gerade dann wird beim Quellenvergleich zumeist recht schnell offenbar, daß in eben diesem Verzicht auf Dokumentation die Ursache für den freizügigen Umgang mit den ohnehin lückenhaften historischen Tatsachen liegt, die wir heute belegen können, wenn es um die ersten Frauen in der Luftfahrt geht. Es ist der auch zu anderen Geschichtsthemen immer wieder anzutreffende Unterschied von Dichtung und Wahrheit oder deren Vermengung zu Halbdichtung und Halbwahrheit. Dieses Phänomen gab es von Anbeginn, also damals schon, als sich zutrug, worüber wir heute mehr wissen wollen. Zeitgenössische Pseudobelege verführen leicht zu Fehlinterpretationen.

Dieser Versuch der Situationsbeschreibung, die gültig wird, wenn mühevolles Suchen nach Tatsachen und deren Säuberung von später beigefügtem Girlandenschmuck im Gange ist, wäre unvollständig ohne den Hinweis auf die nicht selten anzutreffende Neigung zu vorschnellen und daher oberflächlichen Kommentaren. Bedauerlicherweise haben sich diese, wenn es um Fliegerinnen geht, bevorzugt negativ gefärbt. Und dies schon allein oft deshalb, weil die konkrete flug-

Der britische Flieger Claude Graham-White liebte spektakuläre Flugauftritte (im Bild: beim Landeanflug mitten in der Stadt Washington in der Nähe des Weißen Hauses) und gehörte zu den Gegnern von Frauen in Motorflugzeugen

geschichtliche Situation und das sozialhistorische Umfeld, die auch jene Anfangsjahre prägend beeinflußten, gern unberücksichtigt gelassen werden und an die Stelle der Bedingungen von damals die Sicht von heute tritt.

Freilich war es beispielsweise so, daß am Ballonfahren oder am Motorflug nur teilhaben konnte, wer über die finanziellen Mittel verfügte, seine Ausbildung, eventuelle Reparaturen, vielleicht sogar ein Flugzeug – und dann auch sogleich die Schuppenmiete auf einem Flugplatz –, Hin- und Hertransporte des Flugzeuges zu und

von einem Wettkampfort, das ganze umfangreiche Kostenpaket bei einem Flugunfall von Medikamenten über Behandlungen bis zu Krankenhausaufenthalten zu bezahlen und dann auch noch seinen Lebensunterhalt zu bestreiten. Der Flugsport war damals ausnahmslos Berufssport und total kommerzialisiert, eigentlich immer ein Geschäft mit dem Flugzeug und den Fliegern, auch mit denen, die es werden wollten. Entsprechend ausgeprägt war das Konkurrenzverhalten untereinander – Flugzeugbauer gegen Flugzeugbauer, Flieger gegen Flieger, die Starken vereint gegen die Schwachen, Mehrheiten rigoros gegen Minderheiten, deshalb auch – das entsprach der Verhaltenslogik – Männer gegen Frauen in der Luftfahrt. Kommerzegoismus war der Nährboden dafür.

Wer als Flieger nicht finanziell selbständig sein konnte (seinerzeit gab es den Begriff des »Herrenfliegers«, was besagen wollte, daß er sein eigener Herr und damit von anderen unabhängig war), der mußte schon durch Spitzenleistungen auf sich aufmerksam machen, denn das war seine Chance, bei einer Flugzeugfirma als Werkpilot angestellt zu werden. Das sicherte ihm, solange er es war, ein Grundgehalt sowie Flugzulagen für Überführungsflüge verkaufter Flugzeuge, auch Prämien für Siegerplätze bei Flugwettbewerben oder für die Flugschülerausbildung – Anteile an Firmeneinnahmen also. Darüber hinaus hatte so ein Werkpilotenvertrag auch den Vorteil, daß bestimmte Kostenpositionen, wie etwa Flugzeugbenutzung oder die Aufwendungen für die Teilnahme an nationalen wie internationalen Wettbewerben, zu Firmenausgaben wurden. Doch das alles betraf, verglichen mit der Gesamtzahl der ausgebildeten Flieger – bis zum Beginn des ersten Weltkrieges waren es in Frankreich und Deutschland zusammengenommen allein etwa 2500 – nur eine geringfügige Pilotenauswahl. Und für Fliegerinnen gar, sowieso in erdrückender Minderheit, war ein Werkpilotenvertrag geradezu eine Rarität.

Vor solchen Hintergründen ist die nachlesbare legere Federführung, mit der einige frauencharakterisierende Kommentare entstanden sind, einigermaßen befremdlich, wenn damaligen Fliegerinnen gern zugeschrieben wird, sie seien »dunkler Herkunft«, aus dem »Halbdunkel des Theater-Tingeltangels« in den Motorflug gelangt oder einfach nur »Lebedamen« gewesen. Übersehen wird geflissentlich, von der männlich-trutzigen Tonlage solcher Abstempelungen abgesehen, daß dies weder Motive noch Voraussetzungen für die Teilnahme an dem in seinen Kinderjahren besonders risikoreichen Motorflug gewesen sein konnten, und schon überhaupt nicht für fliegerische Leistungen, die mitunter von männlichen Piloten nicht erreicht worden sind – aus

Über fliegende Frauen

»Fraglos gehört mehr Mut und das Bewußtsein körperlicher Gewandtheit dazu, sich dem noch ziemlich unzuverlässigen künstlichen Riesenvogel anzuvertrauen. Mut und Gewandtheit wird man den Frauen kaum absprechen können. Doch die absolute Furchtlosigkeit und außerordentliche Geistesgegenwart, über die der Lenker eines Flugapparates unbedingt verfügen muß, sind wohl im allgemeinen nicht gerade dem schwachen Geschlecht eigen. Überdies dürften sich der Aviatik, solange darin noch eine Art selbstmörderischer Betätigung erblickt werden muß, in keinem Lande Frauen besonders zahlreich zuwenden ... Andererseits haben genügend kühne Fliegerinnen den Beweis erbracht, daß eine energische und geistesgegenwärtige Frau schon durch die ihr angeborene größere Beweglichkeit und ihren feiner ausgebildeten Tastsinn ohne Zweifel befähigt ist, es in der Beherrschung des Apparates dem männlichen Rivalen gleichzutun.«

(»Berliner Lokal-Anzeiger«, 17. März 1912)

welchen Gründen auch immer. Die Frau, die seinerzeit flog, hatte nach männlichem Werturteil eben mehr oder weniger anrüchig zu sein. Und nur sie, denn solcherlei verbale Abwertungen konnten – dabei haben wir lange danach gesucht – über Männer, die flogen, nicht aufgefunden werden.

Der englische Flieger Claude Graham-White zum Beispiel war international für seine eigenwilligen Flugauftritte bekannt. Unter anderem hatte er für Schlagzeilen gesorgt, als er mit einem Farman-Doppeldecker mitten in Washington, in der Executive Avenue, nahe dem Weißen Haus landete, um dem Präsidenten der USA einen Besuch abzustatten. Er ließ kaum eine Kuriosität aus, aber er war auch, seine diversen Flugwettbewerbsleistungen bestätigten es, ein exzellenter Flieger. Und das Wort von Fachleuten hat in der Öffentlichkeit sein Gewicht. In einem Zeitungsinterview hatte er sich im Sommer 1911 unter anderem über Frauen im Motorflug geäußert. Und da meinte er, daß Frauen infolge ihres Temperaments für das Fliegen ungeeignet seien, und zwar wegen ihrer Neigung, in Panik zu geraten. Er habe schon viele Frauen ausgebildet, bedaure das aber nachträglich.

Fürwahr, ein vernichtendes Pauschalurteil. Welchen Glaubwürdigkeitswert hat es aber, wenn man weiß, daß die erste Fliegerin seines Landes, Hilda Hewlett, ihren Flugzeugführerschein am 18. August 1911 erhalten hat, Graham-White folglich zum Zeitpunkt seines Interviews »schon viele Frauen« gar nicht ausgebildet haben konnte? Wahrlich, einige Fliegerherren stellten sich unbekümmert auch auf Frauenschultern, um zu höherem Ansehen zu gelangen.

Desungeachtet haben sich Frauen, die fliegen wollten und sich sowohl ihre Ausbildung als auch das Fliegen leisten konnten, zumeist auch durchgesetzt. Aber nicht alle sind glücklich geworden in der neu gewonnenen Erlebniswelt, denn einige haben damit ihr Leben verkürzt. Da erging es ihnen nicht anders als den Männern. Die wilden frühen Motorflugjahre waren opferreich.

Die Publikation wendet sich nachfolgend, mit einer Betrachtung über frühe Ballonfahrerinnen beginnend, den ersten Fliegerinnen zu und vermittelt Einblicke in ihr Leben, soweit es mit der beginnenden Luftfahrt verbunden und recherchierbar war. Der Darstellungszeitraum ist vorwiegend die Frühzeit der Luftfahrt, deren Ende mit dem Beginn des ersten Weltkrieges zusammenfällt. Daher werden Frauen vorgestellt, die genügend Energie aufbrachten, sich wie ihre männlichen Kollegen den technisch noch unvollkommenen »fliegenden Kisten« anzuvertrauen, vorwiegend mit dem Ziel, die »Flugkunst« zu erlernen und den Fliegerberuf unter den damaligen Bedingungen auszuüben.

Die dokumentierende Betrachtung konzentriert sich auf jene Länder, die in der Luftfahrtfrühzeit einen besonderen Anteil an der Motorflugentwicklung hatten, und sie folgt in dem jeweiligen Lande der Chronologie, in der die dort fliegenden Frauen in Erscheinung getreten sind. Das abschließende Kapitel wendet sich ausgewählten Pilotinnen und Einblicken in ihre jeweils besonderen flugsportlichen und fliegerberuflichen Leistungen zu, mit denen sie sich in den Jahren nach dem ersten Weltkrieg mit moderneren Flugzeugen überzeugender in der »Männerdomäne« zu behaupten wußten, als ihre Kolleginnen in den Kinderjahren des Motorfluges.

Für Rückgriffe sowie zur Orientierung sind Register, zum Weitersuchen für speziell an diesem Thema Interessierte ist ein Quellenverzeichnis beigefügt.

Doz. Dr. Dr. sc. Günter Schmitt

Erste Frauen in der Luft

Das Fliegenwollen hatte die Menschen beschäftigt, seit sie sich ihrer naturgegebenen Unfähigkeit bewußt geworden waren, mit Hilfe von Flügeln eine überaus vorteilhafte Bewegungsart für sich in Anspruch zu nehmen, die, wie jeder sehen konnte, der Vogel und sogar die Mücke virtuos beherrschten. Der Menschenflug hingegen existierte Jahrtausende lang nur als Traum.

Aus dem Altertum sind mythologische Wunschbilder überliefert: Göttliche Wesen in Menschengestalt durcheilen fliegend die Lüfte – Erdenbewohner in ihrer Not beschützend oder sie für Frevel strafend, nicht selten auch sich gegenseitig befehdend. Lange vor unserer Zeitrechnung war bereits eine überirdische Weiblichkeit dabei – die ägyptische Göttin Isis. Sie war für Liebes- und Himmelsangelegenheiten zuständig, galt aber auch als Schicksalsgöttin des

Die ägyptische Göttin Isis
(Darstellung auf der Tür eines Mumienschreines;
etwa 1340 v. Chr.)

Göttin Isis, die Flügel zum Schutze des Toten ausgebreitet
(Darstellung auf dem steinernen Sarkophag des Ramses III.;
12. Jahrhundert v. Chr.)

Damen des französischen Adels als exaltierte Ballonpassagiere

»Der Garten von Reveillon wurde zum beständigen Sammelplatz der schönen Welt, und Pilâtre de Rozier genoß die Ehre, mit den schönsten, geistreichsten und mutigsten Frauen Frankreichs auf der schmalen Galerie seines Ballons wiederholt in den Lüften zu schweben. Am unermüdlichsten und mutigsten zeigten sich die Marquise und die Gräfin von Montalambert, die Gräfin Podenas und Fräulein de la Garde, die alle auch im Geleite des Grafen von Montalambert und des Herren Artaud de Bellevue mehrere Fahrten am Seile machten ...« (Gemeint sind seilgefesselte Ballonaufstiege, keine Freifahrten.)

»Das Merkwürdigste aber bei dieser ganzen Sache war der – überhaupt bei dem schönen Geschlechte und vorzüglich bei der Pariser Damenwelt – unerhörte Umstand, daß diese Freude an etwas Neuem, dieser Enthusiasmus nachhaltig viele Monate fortdauerte und gar nicht mehr einhalten zu wollen schien. Pilâtre de Rozier stellte einmal darüber folgende, ziemlich galant klingende Betrachtung an: 'Die Zufriedenheit und die Freude dieser Damen gestatteten mir ein mehrmaliges beliebiges Aufsteigen und Herabfahren mit ihnen. Die Ruhe, welche sich während dieser ganzen mehr als einstündigen Spazierfahrt durch die Lüfte zeigte, machte es mir sehr schmerzlich, ihren unaufhörlich wiederholten Bitten nach Freimachung des Ballons und Überlassung desselben der Willkür der Winde unmöglich entsprechen zu dürfen.'«

(Aus: Schmitthenner, H.: Die Luftfahrer. Geschichte, Lust und Abenteuer des Ballonflugs. Bergen/Obb. 1956, S. 57 f.)

Meeres, Schutzheilige der Reisenden, schließlich sogar als universelles Muttersymbol. Begabte Künstler gaben ihr auf Grabmälern nicht nur anmutige Gestalt, sondern auch Flügel.[1] Damit schufen und überlieferten sie historisch wertvolle Abbilder als Beleg für vorzeitliche menschliche Vorstellungsinhalte. Die beflügelte Frau war demnach schon im Altertum mitgedacht worden und hatte ihren Platz im Fliegetraum. Während sich die Götter, menschlichem Wunder- und Aberglauben zufolge, oft kriegerisch gebärdeten, belegte ihr weiblicher Part eher die humanistische Rolle der besänftigenden Schlichterin, Bewahrerin und Schützerin.

Als sich dann institutionalisierte Religion dieser weithin verbreiteten Einbildungen annahm und sie zu richtlinienhaften Glaubensbildern formte, wurden aus Göttinnen differenziert zuständige heilige Madonnen und wohltätigdienstbare Engel an ihrer Seite – mit kraftvollen Flügeln wie jene Isis aus dem alten Ägypten. Die humanistische Idee, die sich mit der Weiblichkeit, die fliegen kann, zumindest in der Vorstellungskraft verband, blieb in religiösen Mythen erhalten.

Aber religiöse Dogmen formten auch ein Weib als Gegenspielerin, die sogenannte Hexe, als Ausgeburt nicht menschenfreundlichen, sondern pervertiert-zweckbestimmten Denkens. Ihnen blieben, auch der Irrglaube hat formal-logische Strukturen, Flügel versagt, denn sie hatten mittels der ihnen zugewiesenen Zauberkräfte auf Besen durch die Luft zu reiten. Die entartete Inquisition des Klerus forcierte und gebrauchte Hexenwahn als politische Kampfeslehre und gnadenloses Herrschaftsinstrument. Die päpstliche Bulle vom Dezember 1484[2] eröffnete krankhaftem Sadismus das Tor zur Grenzenlosigkeit. Speziell auf Frauen hatten es die Inquisitoren abgesehen. Öffentliche »Hexenverbrennungen« wurden zu Mittelpunkten barbarisch zelebrierter Ausschweifungsrituale.

Für alle himmelsbezogenen Phantasieprodukte, wofür auch immer gebraucht oder mißbraucht, war der gedankliche Bewegungsraum uferlos, solange sich für Naturereignisse nur irrationale Interpretationen fanden. Erst als sich infolge zunehmender und systematischer naturwissenschaftlicher Erkenntnisse sowie ihrer schrittweisen Anwendung auf technische Lösungen die ersten Menschen in die Luft erhoben, da zeigte sich, daß man über der Erde weder Göttern noch Geistern, Engeln oder Hexen begegnet. Der Beginn der Luftfahrt war nicht Teufelswerk, sondern Menschenwerk. Und er war eine beispiellose Befreiungstat, die binnen kurzer Zeit die allgegenwärtigen Fesseln geistiger Abhängigkeit und Unmündigkeit sprengen half. Jetzt konnte jeder sehen: Der Mensch ist der Gott und der Geist, der in die Lüfte steigt und dort oben nur sich selbst, bestenfalls noch Vögeln begegnet.

Als die Luftfahrt nach einem schier endlos erscheinenden evolutionären Prozeß – zunächst mit Ballonen – begann, stiegen auch bald die ersten Frauen auf. Am 21. November 1783 war der Franzose François Pilâtre de Rozier gemeinsam mit dem Marquis François Laurent d'Arlandes in einem Heißluftballon (Montgolfiere) zur weltersten bemannten Ballonfahrt gestartet. Die erste bemannte Freifahrt mit einem Wasserstoffgasballon (Charliere) folgte schon wenige Wochen

Aufstieg der ersten Ballonfahrerin, Elisabeth Tible (Thible), am 14. Juni 1784 in Lyon

später am 1. Dezember 1783 mit dem französischen Physiker Jacques Alexandre César Charles und Noël Robert im Ballonkorb. Bereits ein halbes Jahr danach, am 4. Juni 1784, wurde Elisabeth Tible (Thible) die erste Luftfahrerin der Geschichte, als sie gemeinsam mit dem Maler Fleurant in Lyon an einem Ballon aufstieg, der zu Ehren des anwesenden Schwedenkönigs Gustav III. an seiner Hülle den Namen »Le Gustave« trug.[3] In ihrer überschäumenden Begeisterung soll die junge Frau beim Aufstieg eine Arie gesungen haben.[4]

Die erste Engländerin, die es dann wagte, sich einem Ballon anzuvertrauen, war Letitia Sage. Am 29. Juni 1785 nahm sie in London an einer Freiballonfahrt teil, bei der sie von George Biggin

Historisch ungenau: Auffahrt der Engländerin Letitia Sage gemeinsam mit Biggin und Lunardi (rechts), jedoch nahm letzterer nicht teil, weil der Ballon mit drei Personen nicht abheben konnte

das Jahr 1800 gemeinsame Ballonfahrten als Schauvorführungen demonstriert, beispielsweise im Jahre 1802 in London, 1803 in Berlin und 1805 in Frankfurt/Main. Als erster hatte Garnerin im Jahre 1797 einen Fallschirmsprung vom Ballonkorb aus der Höhe von 1000 Metern gewagt. Seine Frau Elisabeth wurde die erste Frau der Welt, die solcherlei Vorführungen als Fallschirmspringerin zeigte. Sie präsentierte ihren Premierenfallschirmsprung am 4. April 1814 über dem Pariser Marsfeld.[8]

Ein drittes, weithin bekanntes Ehepaar in der Gemeinschaft der Ballonfahrer waren Jean-Pierre und Marie Madeleine Sophie Blanchard aus Frankreich. Der Mann war eine internationale Berühmtheit geworden, als er am 7. Januar 1785 gemeinsam mit Dr. John Jeffries in einer dramatischen Ballonfahrt erstmals den Ärmelkanal zwischen England und Frankreich überquert hatte. Nach seinem Tode im März 1809, er verstarb in Paris, setzte Madame Blanchard die Vorführung von Ballonfahrten allein fort und wurde die erste erfolgreiche »Berufsluftschifferin« . Im Jahre 1805 schon hatte sie, die als »sehr kleine und zierliche Frau« beschrieben worden ist, ihre erste Alleinfahrt glücklich überstanden. Seither galt sie als besondere Attraktion bei Luftschaustellerveranstaltungen.

Dann kam der 6. Juli 1819. Sophie Blanchard stieg im Pariser Tivoligarten zu ihrer 67. Fahrt auf. Wie immer bei solchen Gelegenheiten wurden die Luftvorführungen mit bunten Fahnen, Musik und Knallkörpern umrahmt. Derartiges Volksfestbeiwerk könnte dann auch die nachfolgende Katastrophe verursacht haben, denn während des Aufstiegs ist aus dem Füllansatz des Ballons austretendes Wasserstoffgas von einer Feuerwerksrakete entzündet worden. Sophie Blanchard versuchte, ebenso verzweifelt wie

und Vincent Lunardi begleitet werden sollte. Doch der Ballon vermochte mit drei Personen nicht abzuheben, und so trat Lunardi, dem der Ballon gehörte, von der gemeinsamen Fahrt zurück.[5] Und die erste deutsche Frau, seit ihrem ersten Aufstieg im Jahre 1811 als Ballonfahrerin bekannt,[6] war Wilhelmine Reichard. Gemeinsam mit ihrem Ehemann, Gottfried Reichard, hatte sie vielerlei Luftfahrten unternommen, dabei auch wiederholt den Ballon allein geführt.[7]

Allerdings waren beide nicht das erste Luftfahrerehepaar, denn Elisabeth und André-Jacques Garnerin aus Frankreich hatten schon um chancenlos, gegen die Flammen anzukämpfen. Die Zuschauer am Boden applaudierten diesem Geschehen, weil sie das Ganze für eine besonders ausgeklügelte spektakuläre Vorführung hielten. Doch dann sahen sie, »wie der Ballon auf ein Hausdach stürzte, wo Madame Blanchard aus ihrem Korb fiel und zerschmettert auf dem Pflaster liegenblieb«.[9] Falls diese Darstellung zutrifft, mit der die Vermutung verknüpft wurde, einer der am Boden gezündeten Feuerwerkskörper hätte das Unglück ausgelöst, wäre sie buchstäblich abgeschossen worden. Jedenfalls wurde sie durch diesen tragischen Vorfall das erste weibliche Opfer der Luftfahrt.

Freilich findet sich auch eine andere Schilderung des Geschehens. Danach hatte Sophie Blanchard »Feuerwerkskörper auf einem hölzernen Reifen befestigt, an einen 10 m langen Draht gebunden und im Verlaufe des Aufstiegs selbst entzündet. Nachdem unter brausendem Jubel der

Das französische Luftfahrerehepaar Garnerin beim Ballonaufstieg – in zeitgenössischer Darstellung aus dem Jahre 1798

Wilhelmine Reichard, erste deutsche Ballonfahrerin

Zuschauer der Funkenregen erloschen war, bemerkte man eine Flamme, die aus dem Ballon emporloderte. Der Ballon fiel, als das Gas ausgebrannt war, auf das Dach eines Hauses und Madame Blanchard schien gerettet. Beim Rutschen über die schiefe Ebene des Daches blieb aber die Gondel an einem eisernen Haken hängen, kippte um und die Aeronautin stürzte mit dem Kopfe voran auf das Straßenpflaster. Als man zu ihr eil-

Die Frau in der Luft: Phantasiedarstellungen verklärten die rauhe Wirklichkeit frühzeitlicher Ballonfahrten

16

te, fand man sie tot.«[10] Demnach hat sie ihren Ballon, wenngleich ungewollt, selbst in Brand gesetzt.

Das geschah zu einer Zeit, als es noch keine Luftfahrervereine oder staatlichen Behörden zur Luftfahrtüberwachung gab, daher jeder, wenn er wollte, auf eigenes Risiko sowieso, mit einem wie auch immer beschaffenen Ballon an jedem beliebigen Ort aufsteigen durfte. Deshalb waren auch Unfallstatistiken unbekannt, sie wurden

Tödlicher Unfall: Sophie Blanchard stürzt mit ihrem brennenden Ballon ab und fällt vom Dach eines mehrstöckigen Pariser Hauses auf die Straße

nirgendwo geführt. Wie viele Ballonfahrten mit unglücklichem Ausgang es in jenen Zeiten des »Ballonfiebers« gab, läßt sich nur vage vermuten. Allein die allgemeinen Umstände, von denen die frühen Freiballonfahrten begleitet worden sind, geben wenigstens Hinweise auf die Gefährdung der Teilnehmer. Zumindest ein Aspekt soll hier erwähnt werden und für die Beurteilung der damaligen Risiken hilfreich sein.

Es war typisch für jene Aufbruchzeit und die Ballonvermarktung, daß die Technologie der Herstellung und Montage sowie die Verfahrensweisen beim Transport und der pflegenden Wartung – sofern es letzteres überhaupt gab – eine vollständig individuelle und freiwillige Angelegenheit waren. Sie beruhten außerdem auf noch dürftigen Kenntnissen von der zweckmäßigen Beschaffenheit der Gewebe, Seile und Beschläge sowie ihrer Verarbeitung, Anordnung und Befestigung. Was die Luftfahrer darüber wußten, war noch nicht allzu weit vom Erkenntnis- und Erfahrungsstand der ersten Heißluft- und Gasballone aus dem Erfinderjahr 1783 entfernt. Mancherlei Verbesserungen hat wohl jeder Ballonfahrer versucht, aber sie waren noch überwiegend empirisch begründet, selten das Resultat wissenschaftlicher Anregung. So übernahm der eine vom anderen, was er für richtig hielt oder ihm einfach nur gefiel. Exemplarisch sei hier darauf verwiesen, daß längere Aufenthalte in der Höhe mit einem Ballon – egal, ob gefesselt an einem Seil oder frei fahrend – noch kaum möglich waren und eher mißglückten als gelangen.

Immer wieder stößt der Suchende in damaligen Beschreibungen von Fahrten mit gasgefüllten Ballonen auf Hinweise darauf, daß manche Fahrt endete, weil das Füllgas in der Ballonkugel nicht mehr ausreichte, die Last zu tragen. Da man weiß, daß die statische Auftriebskraft des Gases, das leichter als Luft ist, nicht allein von seiner Qualität abhängt, sondern vor allem, wenn der Aufstieg zustande kam, auch von seiner Quantität, so enthalten die frühen Berichte hinreichende Indizien für fortwährend ausströmende Gasmengen, beginnend schon in der Aufstiegsphase. Das Gas entwich nicht nur aus dem Füllansatz der Gewebekugel, dessen Ventil von manchem Ballonfahrer bei Vorführungen ohnehin offengehalten wurde, um kontinuierlichen Gasverlust während der Fahrt zu gewährleisten und dadurch möglichst nahe dem zuschauerdichten Aufstiegsplatz wieder zu landen. Es entwich auch aus dem Ballonstoff und durch die Nähte. Möglichkeiten der gewichtsarmen und kostenverträglichen Gewebeverdichtung waren noch unentwickelt. Eine Folge davon war, daß der Ballonfahrer in seinem Korb ständig in einer Gaswolke stand und der geringste Funke eine Katastrophe auslösen konnte. Eine weitere Folge ist in Unfallschilderungen vermerkt: Mehrere Ballonfahrer verschiedener Länder sind durch das länger anhaltende Einatmen giftiger Gase erstickt.

Daher ist es selbst vor dem Hintergrund, daß »Berufsluftschiffer«, wie sie genannt wurden,

---

Weibliche Todesopfer der Freiballonfahrt, des Fallschirmspringens und anderer Luftvorführungen bis zum Jahre 1910

6. Juli 1819: Sophie Blanchard (Frankreich) stürzt bei einem Volksfest im Pariser Tivoligarten vor den Augen der Zuschauer mit ihrem brennenden Ballon ab.

Juli 1853: Emma Verdier (Frankreich) fällt während einer Ballonfahrt aus der Gondel und stürzt in die Tiefe.

14. Juni 1891: Frau Dentley (USA) versucht bei stürmischem Wind mit ihrem Ballon aufzusteigen; der Ballonkorb schlägt gegen Baumkronen und die Luftfahrerin wird herausgeschleudert.

22. Mai 1902: Frau Brookes (England) führt einen Fallschirmsprung vom Ballon vor, aber ihr Fallschirm öffnet sich nicht und sie fällt mit rasender Geschwindigkeit zur Erde.

1. Juli 1902: Mabel Ward (USA) rast in den Tod, als sich bei einer Vorführung ihr Fallschirm nicht öffnet.

13. Juli 1906: Lilly Cove (England) fällt mit ihrem ungeöffneten Fallschirm zur Erde.

15. September 1906: Elvira Wilson (England) wird nahe Hamburg bei einer stürmischen Schleiffahrt mit ihrem Ballon aus der Gondel geschleudert und stirbt an ihren Verletzungen.

14. September 1907: Carrie Myers (USA) führt an einem Ballon-Trapez Turnübungen vor und stürzt dabei ab.

Juli 1910: Eidth Spencer-Kavanaugh (England), Motorfliegerin und Fallschirmspringerin, erleidet bei einem Sprung vor Londoner Publikum einen Unfall und erliegt ihren Verletzungen.

(Nach Hoernes, H. (Hrsg.): Buch des Fluges. III. Band. Wien 1912, S. 333 ff.)

Sensationsdarsteller waren, nicht verwunderlich, wenn man Frauen in dieser Gilde als Exoten ansah. Das war im übrigen allein schon quantitativ begründet, denn im Verhältnis zu den männlichen Ballonfahrern blieb ihre Anzahl gering (als Hilde Bamler aus Rellinghausen bei Essen[11] am 12. Januar 1908 als der ersten deutschen Frau das Ballonführerzeugnis zuerkannt wurde, gab es bereits mehr als einhundert lizensierte Freiballonführer im Lande).[12] Und qualitativ auch, jedenfalls in vorherrschender öffentlicher Meinung, denn den Luftfahrerinnen sind nach aufregenden Vorführungen recht oft Mut und Kaltblütigkeit »in ganz besonderem Maße« bescheinigt worden, und zwar betont jovial, weil solches für Männer von vornherein vorausgesetzt worden ist. Erst viel später haben sich lange gehätschelte Klischeezuweisungen wie Mut als männliches und Ängstlichkeit als weibliches Attribut verloren, als sich erwies, daß gänzlich andere Leistungsvoraussetzungen der Persönlichkeit über die Eignung und den Erfolg entscheiden, zu denen in erster Linie Besonnenheit und Selbstbeherrschung wie auch umfassende Sachkenntnis und technische Beherrschung des Luftfahrtgerätes gehören.

Französische Fliegerinnen mit Signalwirkung

Der Mensch wollte Flügel haben und fliegen wie ein Vogel (Darstellung von Tanna Hoernes um 1910)

Seit menschentragende Ballone erfunden, gebaut und verwendet worden waren, hatte im Ursprungsland Frankreich die Luftfahrt eine vorwärtsdrängende Tradition entwickelt. Bedeutende Wissenschaftler wandten sich physikalischen, meteorologischen und aerodynamischen Fragestellungen zu. Ingenieure und Techniker suchten nach weiterreichenden Lösungen, denn die Möglichkeit, mit Ballonen aufzusteigen, war ein Fortschritt, der sich aber insofern in relativ engen Grenzen bewegte, als sich der Mensch mit solcher riesigen Gewebekugel sogleich nach dem Abheben in der Abhängigkeit von der jeweiligen Richtung und Geschwindigkeit des Windes befand. Und diese sind unterschiedlich in den verschiedenen Höhenschichten. Gelang es, die gewünschte Luftströmung zu finden, kam man wenigstens ungefähr auf der beabsichtigten Route voran. Vielerlei konstruktive, aber auch kuriose

Bemühungen begleiteten den langen Weg des Überganges vom Ballon zum Lenkballon, zum motorisierten und daher infolge der Eigengeschwindigkeit prinzipiell lenkbaren Luftschiff.

Doch das war alles kein Fliegen nach der Art der Vögel. Der Mensch wollte Flügel haben, denn darin bestand seit jeher der Dreh- und Angelpunkt seines Strebens. So wurde der erste gelungene Gleitflug Otto Lilienthals (August 1891) zur Initialzündung mit weltweiter Ausstrahlung. Der Mensch begann zu fliegen. Die Wirklichkeit hatte endlich den Fliegetraum eingeholt und modifizierte ihn. Die Paarung von Flügeln und Antriebskraft führte zwölf Jahre nach dem Lilienthalschen Durchbruch zum ersten erfolgreichen Motorflug, ausgeführt von Orville Wright (Dezember 1903).

Die schrittweise Eroberung der Luft war von Anbeginn eine internationale Leistung. Der deutsche Ingenieur Otto Lilienthal schuf das erste funktionstüchtige Flugzeug und konzipierte die Methode, sich übend und lernend mittels des Gleitfluges dem Motorflug anzunähern. Die US-Amerikaner Orville und Wilbur Wright nutzten diese Methode und überschritten die Schwelle zum Motorflug.

Der Brasilianer Santos-Dumont, als Ballonfahrer und Luftschiffer ebenso erfahren wie als Mitglied einer geldschweren Kaffeeplantagenbesitzerfamilie investitionsfähig, baute in Frankreich sein erstes Motorflugzeug, und dort gelang ihm der erste europäische Motorflug: ein 60-Meter-Weitenflug am 23. Oktober 1906.

Flugzeugführerschein der weltersten Motorflugpilotin

Damit konnte Frankreich auf unserem Kontinent erneut einen Anfang verbuchen. Aus dem »Ballonfieber« wurde jetzt Motorflugbegeisterung. Andere Flugzeugkonstrukteure und Flieger machten mit ihren Leistungen auf sich aufmerksam, richteten Flugfelder im Lande ein, gründeten Flugzeugbaufirmen und Fliegerschulen, förderten auf ihre Weise und mit ihren Mitteln den Motorflug und warben dafür.

Raymonde de Laroche

In Frankreich verzeichnet die Chronik der Luftfahrtgeschichte dann auch die ersten Motorfliegerinnen. Deren Liste wird angeführt von Raymonde de Laroche. Das menschliche Wunschbild, vor Jahrtausenden in die Gestalt der Isis projiziert, wurde Realität – jedenfalls, was das Fliegen betrifft.

Raymonde de Laroche, am 22. August 1884 in Paris geboren, wuchs in gesicherten sozialen Verhältnissen auf und wurde Schauspielerin. Auch anderen schönen Künsten wandte sie sich zu, bezeichnete sich als Malerin und Bildhauerin, führte ein unbeschwertes Leben, liebte wohl auch den Reiz des sportlichen Abenteuers, denn sie war eine Autorennfahrerin, bevor sie sich dem Motorflug zuwandte.[13] Den Titel einer Baronesse soll sie sich unberechtigt zugelegt haben, wie einige Li-

Raymonde de Laroche und ihr Voisin-Flugzeug

teraturquellen mitteilen, ohne jedoch mehr als die Vermutung darüber weiterzugeben, denn ein glaubwürdiger Beleg dafür wäre erst noch aufzufinden. Träfe es aber zu, wäre das nicht mehr als ein Hinweis darauf, daß es auch gegenwärtig anzutreffende Gebaren schon damals gab. Träfe es hingegen nicht zu, wäre das ebenfalls ein Hinweis, und zwar darauf, daß es schon früher üblich war, besonders Künstler und Sportler – und dann schon ganz und gar eine motorfliegende Künstlerin – öffentlich mit üppig ausgedachten Klatschergüssen zu besprühen. Wie auch immer, sie wurde die welterste Motorfliegerin. Ein menschliches Wesen war sie mit demgemäßen Stärken und Schwächen, kein göttliches wie gegossen in Bronze oder gemeißelt in Marmor.

Im Jahre 1909, es soll angeblich am 22. Oktober[14] gewesen sein, meldete sich Raymonde de Laroche in der Flugschule von Gabriel und Charles Voisin an, die zu ihrer Flugapparatebauwerkstatt in Billancourt an der Seine, nahe Mourmelon,

gehörte. Diese war etwa zum Jahreswechsel 1906/07 als erstes europäisches kommerzielles Flugzeugbauunternehmen gegründet worden und hatte sich erfolgreich entwickelt. Die Kastendoppeldecker der Voisin-Firma galten als zuverlässig und bei ruhiger Luft als »gutmütig« hinsichtlich ihrer Steuerung.

Madame de Laroche erlernte das Fliegen unter der Aufsicht von Charles Voisin, mit dem sie befreundet war. Der Doppeldecker war ein Einsitzer. Es hieß: »Der Schüler saß am Steuer, während der Fluglehrer ihm vom Boden aus Anweisungen zurief.« Das allerdings ist schlicht unmöglich, denn man stelle sich vor, ein Fluglehrer steht am Boden und ruft etwas, und seine Schülerin, im offenen Sitz – direkt hinter sich einen laut knatternden Motor – auf dem Flugfeld herumrollend oder oben herumfliegend, könnte davon auch nur eine Silbe wahrnehmen. Doch kommt es noch besser, denn so wurde der Ausbildungsbeginn der Flugschülerin beschrieben:

»Die Baronesse nahm auf Charles Voisins Anweisung auf dem offenen Führersitz Platz und rollte die Startbahn entlang, um ein Gefühl für die Steuereinrichtungen zu bekommen. Ein Startversuch war ihr ausdrücklich untersagt worden. Nach einer Runde um den Flugplatz verkündete die angehende Pilotin, sie sei jetzt startbereit. Der verblüffte Charles Voisin, ein staunender englischer Reporter namens Harry Harper und mehrere Mechaniker beobachteten sprachlos, wie sie den 50-PS-Motor auf Touren brachte, die Startbahn herunterrollte und auf etwa fünf Meter Höhe stieg. Das Flugzeug, schrieb Harper, sei 'auf völlig ebenem Kurs einige hundert Meter weit durch die Luft geglitten, bevor es sanft niederging und zurückgerollt kam'.«[15]

So entstehen Legenden. Natürlich war Raymonde de Laroche kein Wunderkind, das einmal ein Stück auf dem Rasen rollt und damit schon den Start, den Flug und die Landung beherrscht. Nach dem Abschluß ihrer Ausbildung am Boden mochte sich das, was da geschildert wurde, zugetragen haben. Dieser erste Flug, mit dem die Bodenausbildung endete und die eigentliche fliegerische Ausbildung begann, fand tatsächlich am 22. Oktober 1909 in Châlons statt und wurde mit einer Weite von 300 Metern notiert.[16] Selbstverständlich aber lag ihr Ausbildungsbeginn zeitlich davor, weshalb nur der anwesende Reporter »verblüfft« und »sprachlos« gewesen sein konnte, als er sah, daß eine Frau flog, und noch dazu so sicher. Ein anderer aufgefundener Hinweis gibt den 15. Oktober 1909 an.[17] Wenn unterstellt wird, dies sei in Wirklichkeit der Tag ihres Ausbildungsbeginns gewesen, dann könnte es die Fluganwärterin bei täglichem Üben tatsächlich geschafft haben, das Flugzeug binnen einer Woche so weit zu beherrschen, daß sie damit aufsteigen konnte. Zumal die Voisin-Doppeldecker dafür bekannt

waren, daß mit ihnen bei ruhiger Wetterlage das Fliegen besonders leicht erlernbar war.[18]

Die Ausbildung auf einsitzigen Motorflugzeugen war zwar etwas umständlich für Schüler und Lehrer, weil notwendige Korrekturunterweisungen nicht sofort, sondern nur mit zeitlicher Verzögerung vorgenommen werden konnten, dann nämlich, wenn der Lernende seinem Fluglehrer wieder gegenüberstand. Aber es war keineswegs unüblich. In Deutschland ist Hans Grade damit bekannt geworden, der vor dem ersten Weltkrieg 99 Zivilpiloten auf seinen einsitzigen Eindeckern ausgebildet hat.[19] Doch dafür waren dann auch ganz bestimmte Ausbildungsschritte vonnöten. An der Grade-Fliegerschule waren es diese:

- Motorenpraxis (Reinigungs- und Reparaturarbeiten),
- Steuerübungen am Boden (Ausführen von Steuerungsvorgängen auf Zuruf – als »Trockentraining«),
- Üben der Bedienung des laufenden Motors am Boden,
- Rollen auf dem Flugfeld (Üben des Gasgebens und Gasregulierens im Rollvorgang bei gleichzeitigem Ausprobieren der Flugzeugsteuerung),
- Startübungen (Anwendung des Gelernten bei kurzen »Hopsern«, also kurzzeitiges Abheben und Wiederaufsetzen des Flugzeuges),
- Flugübungen, beginnend mit einem Geradeausflug innerhalb der Begrenzungen des Flugplatzes.[20]

Auf solche Weise sorgsam vorbereitet, verlief dann der Erstflug in der Regel gefahrlos. Eigentlich war es das seit Otto Lilienthal bekannte didaktische Prinzip der gesicherten Schrittfolgen, das der Inspirator der französischen Flugtechnik,

Im Straßenkostüm beim Fototermin – und ein Bildautogramm

Ferdinand Ferber, als »vom Schritt zum Sprung, vom Sprung zum Flug« bezeichnet hatte.[21]

Es kann überhaupt nicht daran gezweifelt werden, daß der erfahrene Charles Voisin in gleicher oder ähnlicher Weise schrittweise vorging wie sein deutscher Kollege Hans Grade zur selben Zeit. Wer mit Einsitzern schulte und Ausbildungssorgfalt vermissen ließ, verlor momentan eventuell einen Schüler und ein Flugzeug, fortan aber auch seinen guten Ruf und den kommerziell wichtigen Zulauf von Flugeleven.

Wie gründlich Raymonde de Laroche ausgebildet worden war, zeigte sich dann auch darin, daß sie am besagten 22. Oktober 1909 ihren ersten 300-Meter-Flug vor den kritischen Augen ihres Lehrers souverän ablieferte und ihr schon am folgenden Tage, ebenso überzeugend, ein Flug über die Distanz von sechs Kilometern gelang.[22] Von einem eigenmächtigen und unvorbereiteten Flug konnte also nur in leichtfertiger Reporterdarstellung die Rede sein.

Die deutsche Familienzeitschrift »Die Woche« informierte ihre Leser in der Ausgabe vom 30. Oktober 1909 über diesen neuen Streckenflug so: »Die erste fliegende Frau ist auf der Weltbühne erschienen. Auf dem Flugfelde von Châlons hat die Baronin de Laroche mit einem Voisinapparat einen prächtigen aviatischen Erfolg erzielt; sie legte in der Luft eine Strecke von vier Meilen leicht und sicher zurück. Die Frauen der ganzen Welt werden diesen neuesten Aufschwung ihres Geschlechtes gewiß mit Freude begrüßen. Die moderne Frau, der so viele große Eroberungen gelungen sind, beteiligt sich von nun ab auch an der Eroberung der Luft.«

Am 1. Januar 1910 begann Raymonde de Laroche das neue Jahr mit dem Prüfungsflug vor Sportzeugen, woraufhin ihr der »Aéro-Club de France« den Flugzeugführerschein Nr. 36 zuerkannte, ausgefertigt am 8. März 1910. Zu diesem Zeitpunkt waren in Deutschland erst zwei Flugzeugführerscheine ausgestellt worden; für August Euler und Hans Grade.

In der Folgezeit nahm Raymonde de Laroche an bedeutenden Flugwettbewerben teil, so auch an der ersten internationalen Motorflugwoche auf dem afrikanischen Kontinent, die vom 6. bis 13. Februar 1910 in Heliopolis (Ägypten) stattfand. Dort soll sie mit einem 20-Kilometer-Flug den 6. Preis gewonnen haben.[23] Doch auch diese Angabe muß schon wieder angezweifelt werden, denn im dortigen Wettbewerb um den »Preis für den längsten Flug ohne Zwischenlandung« – und nur um diesen Wettbewerb konnte es sich handeln – wurden insgesamt nur fünf Preise an die Erstplazierten vergeben. Außerdem: Auf dem 6. Platz erscheint Hans Grade in der Ergebnisliste – mit einem Flug über die Distanz von 20 Kilometern. Er blieb ohne Preisgeld.[24]

Danach ging die Französin in St. Petersburg bei der »I. Russischen Flugwoche«, die am 25. April 1910 auf der dortigen Pferderennbahn von Kolomjagi eröffnet wurde, an den Start. Der Na

Mademoiselle de Laroche hinter dem Flugzeugsteuer

me Raymonde de Laroche stand auf den Plakaten neben denen von Hubert Latham und Léon Morane, die bereits zur weithin bekannten französischen Fliegerelite zählten. Die Flugvorführungen der Französin, die sich in den ausgeschriebenen Wettbewerben wacker schlug, gehörten gewiß zu den Höhepunkten der Flugwoche. Unter ihren Zuschauern befand sich Ljuba Galantschikowa, eine junge Russin, die sich spontan entschloß, zum frühestmöglichen Zeitpunkt selbst Fliegerin zu werden. Ein Jahr später war sie es dann auch.[25] Von ihr wird noch die Rede sein.

Die Teilnahme Raymonde de Laroches an Flugveranstaltungen außerhalb Frankreichs beleuchtet ihr fliegerisches Können auf besondere Weise, wenn berücksichtigt wird, daß sie seit ihrer Pilotenprüfung am Jahresbeginn 1910 zum Team der Voisin-Werkpiloten gehörte und zu

Ein Wright-Doppeldecker beim Umrunden eines Wendepylons in Reims;
in ähnlicher Flugsituation wurde Raymonde de Laroche von einem anderen Piloten
so stark behindert, daß sie abstürzte

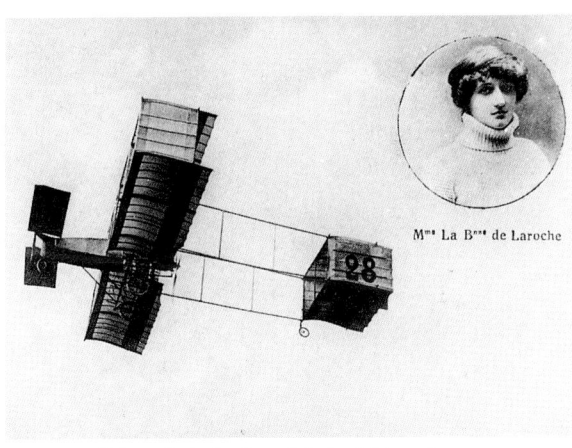

Das zertrümmerte Flugzeug de Laroches nach dem Absturz
während der Reimser Flugwoche (Juli 1910)

Zeitgenössische französische Bildpostkarte:
Die Fliegerin de Laroche und ihr Voisin-Doppeldecker, mit dem
sie im Juli 1910 an der Flugwoche in Reims teilnahm

meist gemeinsam mit der Firmenmannschaft zu den Veranstaltungen reiste. Es versteht sich von selbst, daß dafür nur leistungspotente Flieger ausgewählt worden sind, denn eine bessere Werbung für ein Flugzeugmuster als gute Plazierungen in bedeutenden Wettbewerben – noch dazu von einer attraktiven Frau erreicht – gab es kaum.

Diese Rechnung ging auch auf, solange die Voisin-Flugzeuge konkurrenzfähig blieben. Allein beim erwähnten Motorflugwettbewerb in Heliopolis belegten die mit den Doppeldeckern aus Billancourt entsandten Piloten Henry Rougier und René Métrot sämtliche ersten Plätze. Die Werbewirkung mochte noch erheblicher gewesen sein als die Preisgeldsumme, doch immerhin

Eine Titelseite der französischen Frauenzeitschrift »Femina«,
die im Jahre 1910 den gleichnamigen Pokal
für Langstreckenfliegerinnen stiftete

brachten die beiden, weitere Zweit- und Drittplazierungen hinzugerechnet, 140000 Francs nach Hause. Nach dem Abzug der Reise-, Transport- und eventuellen Reparaturkosten sowie der Fliegerprämien, die der Flugzeugeigner von den Preisgeldern zahlte, werden sich derartig erfolgreiche Wettkampfbeteiligungen finanziell zumindest selbst getragen haben.

Auch bei der »Großen Flugwoche der Champagne« vom 3. bis 24. Juli 1910 auf dem Flugplatz Bétheny bei Reims in Frankreich zählte Raymonde de Laroche zu der fünfköpfigen Voisin-Mannschaft.[26] Hier allerdings konnten sich die

Kastendoppeldecker der Firma Voisin nicht mehr durchsetzen, denn die wendigen und relativ schnellen Blériot-Eindecker dominierten inzwischen die Konkurrenzen, gefolgt von den Doppeldeckern Henry Farmans. Nur ein einziges Voisin-Flugzeug erschien noch in der umfangreichen Siegerliste. Raymonde de Laroche, immer

Überlandflüge in Frankreich – seit der Stiftung des »Femina«-Pokals
keine Domäne der Männer mehr

vor den Augen der Zuschauer um die Wende-markierungen (Pylone) auf dem Flugplatz herumfliegend, gewann den Damenwettbewerb, obgleich sie nach fünf Flugkilometern aus geringer Höhe abstürzte und damit ihre Teilnahme beendete. Der Sieg ist ihr zugesprochen worden – weil sie in dieser Wettflugklasse die einzige Teilnehmerin war und daher gar nicht übertroffen werden konnte. Es gab noch keine Rivalin, die bereit war, gegen sie anzutreten.

Der Absturz war von einem anderen Flugzeug verursacht worden, das beim Kurven um einen Pylon ihren Weg gekreuzt hatte. Raymonde de Laroche verlor die Beherrschung über ihr Flugzeug, rutschte seitlich ab und schlug auf. Schwer hatte sie es danach. Kopfverletzungen, innere Verletzungen, ein Armbruch und zwei Beinbrüche wurden diagnostiziert.[27] Es dauerte fast zwei Jahre bis zu ihrer Genesung. Sie war sehr tapfer in dieser endlos erscheinenden Zeit. Doch wer sie nach diesem schweren Unfall als Fliegerin inzwischen abgeschrieben hatte, mußte sich korrigieren, denn im Jahre 1913 saß sie wieder hinter dem Steuer und brachte mit herausragenden Flugleistungen die Fachwelt und die Öffentlichkeit zum Staunen. Sie gewann den seit dem Jahre 1910 ausgeschriebenen »Femina-Pokal«, einen Leistungsanreiz speziell für Fliegerinnen, der mit einer Geldprämie verbunden war. Mit diesem Pokal-Wettbewerb hatte es eine besondere Bewandtnis.

Im Jahre 1910 hatte der französische Zeitungsverleger Pierre Laffitte, Herausgeber der Frauenzeitschrift »Femina«, einen Pokal gestiftet, der den Namen der Zeitschrift trug und jener französischen Fliegerin zugesprochen werden sollte, die bis zum Jahresende in Frankreich die weiteste Flugdistanz ohne Zwischenlandung zurücklegte.[28] Zu dieser Zeit war Raymonde de La-

roche ans Krankenbett gebunden. So wurde der Pokal von Hélène Dutrieu gewonnen.[29] Der erste Frauen-Flugwettbewerb war damit aus der Taufe gehoben worden und sollte fortan jährlich stattfinden.

Flankierend dazu war in Paris der »Femina-Club Aéronautique« gegründet worden, der sich die Förderung von Frauen in der Luftfahrt zur Aufgabe gemacht hatte, aber, bemerkenswert genug, nicht an den »Aéro-Club de France« angeschlossen war,[30] der jedoch andererseits die Austragungsmodalitäten des »Femina-Pokals« überwachte, wie für zehn weitere in Frankreich gestiftete Flugpreise auch.[31]

Im Jahre 1913, wie gesagt, holte sich Raymonde de Laroche diesen Pokal, und zwar mit der Nonstop-Flugstrecke von 323,5 Kilometern, die sie am 25. November des Jahres mit einem Henry-Farman-Doppeldecker erreicht hatte.[32] Das war zugleich Weltrekord.

Sogleich nach dem ersten Weltkrieg stellte sie ihr ungebrochenes Leistungsvermögen erneut unter Beweis, als sie einen Höhenflugweltrekord aufstellte, der, unterschiedlichen Angaben zufolge, bei 4000, 4800 oder 4900 Metern lag. Nicht lange darauf verunglückte sie am 18. Juli 1919 tödlich beim Absturz eines Flugzeuges, in dem sie nicht selbst am Steuer gesessen hatte.[33]

Vier Wochen später wäre sie 35 Jahre alt geworden. In ihrer 16. Ausgabe des Jahres 1919 veröffentlichte die deutsche Zeitschrift »Flugsport« unter der Überschrift »Ein weiblicher Flugpionier verunglückt« diese Meldung: »Die Baronin de Laroche, eine frühere französische Schauspielerin, die sich seit 1909 dem Flugsport widmete, ist am 18. Juli auf dem Flugplatz Crotoy (Somme) mit einem Flugzeug bei einem Versuchsflug tödlich abgestürzt. Vor einigen Wochen stieg sie bis zu 4900 m auf und erzielte damit den Höhenrekord

Der zierliche Leichteindecker »Demoiselle« im Fluge, mit dem Hélène Dutrieu ihre fliegerische Ausbildung begann

für Fliegerinnen. Während des Krieges versuchte sie wiederholt, jedoch vergeblich, als Flugzeugführerin in die französischen Luftstreitkräfte eingereiht zu werden.«[34]

Hélène Dutrieu

Auch die weltzweite Fliegerin trat in Frankreich mit ihren Leistungen hervor und wurde, wie man schrieb, Raymonde de Laroches schärfste Rivalin in der Luft: Hélène Dutrieu. Die verbreitete Annahme, beide seien längere Zeit die einzigen Konkurrentinnen gewesen, ist unrichtig, denn im Jahr 1910 gesellten sich, wie noch zu sehen sein wird, gleich mehrere französische Fliegerinnen hinzu.

Hélène Dutrieu kam aus Belgien und war vor ihrer Fliegerzeit eine wegen ihrer wagemutigen Vorführungen bekannte Pariser Varieté-Künstlerin. Als sie sich für das Fliegen zu interessieren begann, fuhr sie zum Flugplatz Issy-les-Moulineaux und sah sich in den dortigen Fliegerschulen um. Offenbar sagte ihr der zierliche Eindecker »Demoiselle« von Alberto Santos-Dumont am meisten zu. Es war ein leichtes Flugzeug, das seit dem Jahre 1907 in verschiedenen Modifikationen gebaut und eingesetzt wurde.[35] Damit begann Hélène Dutrieu ihre fliegerische Ausbildung. Man schrieb, daß ihr mit diesem Leichtflugzeug im »März 1910 schöne Flüge gelangen«.[36] Im selben Jahre lernte sie den französischen Erfolgskonstrukteur und Flieger Henry Farman kennen, stieg auf einen seiner Doppeldecker um und begann mit einer Serie erfolgreicher Flüge.

Sie war demnach Motorfliegerin seit dem Jahre 1910, wird als die erste fliegende Belgierin und zweite Frau der Welt mit Pilotenschein bezeichnet.[37] Da sie ihre Ausbildung in Frankreich absolvierte, hätte sie als Pilotin dort registriert und

Die Fliegerin Dutrieu

zugelassen werden können, denn das war der Regelfall. Allein vom 7. Januar 1909 bis zum Jahresende 1910 hat der »Aéro-Club de France« 345 Flugzeugführerscheine ausgestellt, davon 53 für ausländische Absolventen französischer Fliegerschulen (Rußland 16, Großbritannien 14, Niederlande 6, Deutschland 4, Polen 2, Italien 2, Australien 1, Belgien 1, Chile 1, Luxemburg 1, Peru

---

Über einen Vortrag Hélène Dutrieus

»In Paris hielt Mlle. Dutrieu einen humorvollen Vortrag über weiblichen Mut, gepaart mit Anmut, und widerlegte in geistreicher Weise einige ungalante Widersacher, die da behaupteten, daß den 'fliegenden Damen' jeder Reiz, jede Grazie verlorengehe. Diese Herren meinten, die Frau sei schon aus dem Grunde nicht für die Aviatik geeignet, weil sie keinen 'mechanischen Verstand' habe und von dem Wesen des Motors so gut wie nichts verstehe ...
Die fliegenden Damen gestehen übrigens, daß ihnen der Geruch des heißen Öles, mit dem die schnell arbeitende Maschine oft recht freigiebig um sich schleudert, anfangs Übelkeit verursache. Doch käme man bald darüber hinweg. Und zum Schutze gegen die herumfliegenden Tropfen legt man eben eine Motorbrille an. Man sieht, es sind gar manche Widerwärtigkeiten zu überwinden, ganz abgesehen von den Furchtanwandlungen, bevor man bei einem Fluge mit dem Aeroplan einigermaßen zu einem wahren Genuß gelangt. Die begeisterten Jüngerinnen des Luftsports versichern jedoch, daß es nichts Köstlicheres gebe, als einem Vogel gleich im eiligen Fluge in den Lüften sich zu wiegen.«

(»Berliner Lokal-Anzeiger« vom 17. März 1912)

1, Schweiz 1, Schweden 1, USA 1, Uruguay 1). Doch der Name Hélène Dutrieu erscheint weder in diesem Zeitraum noch später in der französischen Flugzeugführerliste. Daher kann begründet vermutet werden, daß sie nach ihrem Ausbildungsabschluß in Frankreich den Flugzeugführerschein in Belgien beantragt und vom »Aéro-Club Belgique« erhalten hat. Denn, so hieß es in den internationalen Bestimmungen: »Flugzeugführer sind solche Personen, die das Führerzeugnis irgendeines dem internationalen Luftschiffer-Verbande angehörigen Vereins erworben haben.«[38] Ohne solchen Ausweis hätte sie gewiß Schwierigkeiten gehabt, an französischen Flugwettbewerben teilzunehmen, die zumeist der Aufsicht des französischen Aéro-Clubs unterstanden. Solcherlei Flüge aber unternahm sie jetzt:

- 5. Dezember 1910: Auf einem Henry-Farman-Doppeldecker gewinnt sie in Etampes mit der Flugstrecke von 60,8 Kilometern den »Femina-Pokal« des Jahres 1910.
- 29. Dezember 1910: Sie nimmt als Passagierin am Flug des französischen Piloten Alfred Leblanc auf einem zweisitzigen Blériot-Eindecker teil, der über die Distanz von 105,6 Kilometern führt, und gewinnt damit den »Damen-Passagierpreis«, der für eine Frau ausgesetzt war, die bis zum 31. Dezember 1910 als Begleiterin die größte Entfernung mitgeflogen ist.
- 12. September 1911: Sie durchfliegt mit einem Henry-Farman-Doppeldecker die Strecke von 230 Kilometern und erringt damit zum zweiten Male den als Jahreswettbewerb ausgeschriebenen »Femina-Pokal«.[39]

Im Jahre 1911 galt Hélène Dutrieu als die beste Fliegerin; in Florenz (Italien) und Staten Island

Hélène Dutrieu und Henry Farman (1910), bei dem sie ihre Ausbildung fortsetzte und abschloß

(USA) nahm sie an Flugwettbewerben teil. Im Juli des Jahres wurde sie sogar die welterste Fluglehrerin, denn die Presse meldete, daß »Fräulein Hélène Dutrieu eine Flugschule eröffnet und ihren Bruder, einen Radrennfahrer, als ersten Schüler gewonnen hat. Die noch recht junge Fliegerin hat bereits zahlreiche Proben ihrer Kaltblütigkeit und Geschicklichkeit abgelegt ...«[40]

Aber ohne Abstürze gingen letztendlich auch ihre Flüge nicht ab. Im August 1911 war in Deutschland unter der Überschrift »Schwerer Unfall bei einem Flugmeeting« zu lesen: »Aus Le Mans wird telegraphiert: Bei dem hier abgehaltenen Flugmeeting kam es gestern zu einem

*Die weltzweite und erste belgische Motorflugpilotin,
Hélène Dutrieu, vor dem Start*

schweren Unfall. Als die Fliegerin Hélène Dutrieu
einen Aufstieg mit dem Präsidenten des Aeroklubs der Marne, Leon Bollée, als Passagier unternahm, stieß ihr Farman-Doppeldecker bei einer Wendung gegen einen Baum und überschlug
sich. Beide Insassen stürzten herab, kamen jedoch ohne ernstliche Verletzungen davon. Die
herabfallenden Trümmer des Apparates fielen
mitten in die Zuschauermenge, wodurch 20 Personen schwer verletzt wurden.«[41]

Fast noch mehr als über ihre Flüge wußte die
Boulevardpresse über die Unterkleidung der Fliegerin zu vermelden, denn sie verbreitete sich darüber, daß Hélène Dutrieu ohne Korsett flog, damit sie sich im Fluge freier bewegen könne und
bei einem Unfall weniger Verletzungsgefahr ent-
stünde.[42] Anderswo galten wichtigere Kriterien:

*Die Fliegerin Dutrieu – im Jahre 1913 zum Ritter der
französischen Ehrenlegion ernannt*

Im Jahre 1913 wurde sie zum Ritter der französischen Ehrenlegion ernannt, und der Präsident
Frankreichs verlieh ihr das Ehrenkreuz der Legi-
on. Im ersten Weltkrieg verlor sich ihre Spur. Vermutlich ist sie seit dem Kriegsbeginn nicht mehr
geflogen.

*Marthe Niel, dritte
Motorfliegerin in Frankreich*

Marthe Niel

Die zeitlich dritte Fliegerin in Frankreich wurde Marthe Niel. Sie ist, den spärlich überlieferten Notizen zufolge, auch nicht mit spektakulären Flügen hervorgetreten, sondern hat wohl mehr sich selbst als anderen beweisen wollen, daß sie fliegen kann und der Motorflug für eine Frau kein Buch mit sieben Siegeln ist. So kann über sie im wesentlichen nur dies mitgeteilt werden: »Niel, Marthe, geb. am 29. Dezember 1880 in Paimpont, erhielt das französische Flugzeugführerzeugnis Nr. 226 am 19. September 1910 auf Koechlin.«[43]

Der Hinweis »auf Koechlin« bedeutet, daß sie auf einem Flugzeug des Konstrukteurs und Fliegers Jean Paul Koechlin ausgebildet worden ist, der mehrere Ein- und Zweidecker gebaut und wenige Wochen vor Marthe Niel seinen Flugzeugführerschein erhalten hatte (Nr. 203 am 29. August 1910). Eine Koechlin-Flugschule befand sich auf dem Flugfeld Mourmelon (vollständige Standortbezeichnung: Mourmelon-le-Grand bei Châlons-sur-Marne), in Nachbarschaft mit der Schule von Henry Farman, in der Hélène Dutrieu ihre Ausbildung abgeschlossen hatte. Eine zweite Koechlin-Fliegerschule hatte auf dem Flugplatz Issy-les-Moulineaux bei Paris ihren Standort. Es ließ sich nicht mit Sicherheit feststellen, auf welchem der beiden Flugfelder Marthe Niel das Fliegen erlernt hat.

Marie Marvinght

Die vierte Fliegerin in Frankreich war Marie Marvinght. Sie wurde am 20. Februar 1875 in Aurillac geboren, ließ sich später zur Krankenschwester ausbilden und war eine bekannte Sportlerin von großer Vielseitigkeit. Seit ihrem sechsten Lebensjahr schwamm sie, übte sich – was damals nicht so alltäglich war wie heute – schon als Schulkind im Radfahren und nahm in den Jahren 1904 bis 1906, also als 30jährige Frau, an Straßenrennen teil. Sie galt außerdem als gute Schützin, Fechterin und Alpinistin, war auf Skipisten und Eisbahnen ebenso anzutreffen wie auf Golfplätzen.[44] Ihr Leben war demnach sommers wie winters mit sportlichen Aktivitäten ausgefüllt. Ihr sozial gesichertes Elternhaus hatte es möglich gemacht. So wurde sie eine Repräsentantin des Frauensportes ihrer Zeit und trug erheblich dazu bei, ihm gesellschaftliche Anerkennung zu verschaffen. Im Jahre 1909 erwarb sie den Ballonführerschein und unternahm in der Nacht vom 26. zum 27. Oktober desselben Jahres eine kühne Ballonfahrt über die Nordsee, als sie mit einem männlichen Passagier an Bord bei günstigem Wind in ihrem damaligen Wohnort Nancy aufstieg und nach etwa zwei Stunden bei Southwood (ostenglische Grafschaft Suffolk) landete.[45]

Die Pilotin Marvinght

»Antoinette«-Eindecker, mit dem Marie Marvinght unter der Regie Hubert Lathams fliegen lernte

Marie Marvinght im Eindecker vor einem Übungsflug

Das erfolgreiche Eindeckermuster von Louis Blériot, mit dem Jane Herveu flog

Das entsprach einer Fahrtstrecke von 720 Kilometern.

Bei solcher Vielseitigkeit ihrer sportlich-technischen Interessen war es ein nahezu logischer Schritt, daß sie nur Tage danach, im November 1909, mit ihrer motorfliegerischen Ausbildung begann. Und zwar auf dem Flugplatz Mourmelon, als Schülerin des erfolgreichen anglo-französischen Fliegers Hubert Latham,[46] der zu dieser Zeit gerade von Flugvorführungen in Berlin-Johannisthal (Eröffnungsflugwoche) und Frankfurt/Main («Internationale Luftschiffahrt-Ausstellung«/ILA) zurückgekehrt war.[47] Sie erhielt am 8. November 1910 den französischen Flugzeugführerschein Nr. 281[48] und schaffte es, schon am 27. November des Jahres auf einem »Antoinette«-Eindecker einen Frauen-Streckenflugweltrekord aufzustellen, indem sie in 53 Minuten 42 Kilometer durchflog.[49] Damit hatte sie zugleich ih-

re Anwartschaft auf den »Femina-Pokal« des Jahres 1910 angemeldet, der ihr aber schon eine Woche später mit Erfolg von Hélène Dutrieu streitig gemacht worden ist.

Marie Marvinght versuchte, gewiß durch ihre Vorbildung als Krankenschwester motiviert, Unterstützung für den Plan zu finden, das Flugzeug zur Rettung Verunglückter zu verwenden. Jedoch vergeblich. Sie kann infolge dieser humanistisch geprägten Anwendungsbemühung als Vordenkerin der heutigen Flugrettungsdienste angesehen werden. Im Alter von 88 Jahren starb sie.[50]

Jane Herveu

Als nächste Fliegerin in Frankreich muß nun Jane Herveu genannt werden. Sie wurde am 10. Dezember 1885 in Paris geboren. Als 25jährige ging sie, wie andere Frauen vor ihr, zum Flugplatz

Jane Herveu

Mourmelon und trug sich in die dortige Blériot-Fliegerschule ein. Am 7. Dezember 1910 erhielt sie ihren Flugzeugführerschein Nr. 318.

Die Fliegerschule, die sie absolviert hatte, gehörte zur Flugzeugbaufirma des Konstrukteurs und Fliegers Louis Blériot, der nach mehreren Fehlkonstruktionen und Mißerfolgen einen Eindecker gebaut hatte, mit dem es ihm am 25. Juli 1909 als erstem Motorflieger gelungen war, den Ärmelkanal von Calais nach Dover zu überfliegen. Seither war er weltbekannt und wurde ein sehr erfolgreicher Flugzeugbauunternehmer.[51]

Mit einem gekauften Blériot-Eindecker und mit ihrem Flugzeugführerschein in der Tasche richtete Jane Herveu im Jahre 1911 in Corbeaulieu eine eigene Fliegerschule ein, wie es zuvor an anderer Stelle Hélène Dutrieu getan hatte. Die Besonderheit der Herveu-Flugschule bestand jedoch darin, daß sie der Ausbildung von Frauen vorbehalten sein sollte.[52] Für ihre Fluglehrertätigkeit verfügte sie über einen ausgezeichneten Ruf und damit über die denkbar besten Voraussetzungen, denn mit einem Streckenflug von mehr als 200 Kilometern meldete sie sich für den »Femina-Pokal« des Jahres 1911 an, verlor den Sieg aber an Hélène Dutrieu, die bis zum Jahresende einen weiterreichenden Flug zustande brachte.

Ihre kommerzielle Erwartung, mit der fliegerischen Ausbildung von Frauen gegen die Konkurrenz der zunehmenden Anzahl von Flugschulen im Lande bestehen zu können, erfüllte sich nicht. Auch männliche Flugschüler, die sie nun aufzunehmen bereit war, kamen nur selten. Im Jahre 1912 hat man nichts mehr von ihr gehört. Sie hat sich wohl wirtschaftlich nicht über Wasser halten können.

Louise Driancourt

Die nächste Fliegerin, die ihre Flugprüfung in Frankreich bravourös bestand, war Louise Driancourt, die nach ihrer Ausbildung in der Fliegerschule des Caudron-Flugzeugbaues am 15. Juni 1911 ihren Flugzeugführerschein Nr. 525 erhielt. Die Flugschule befand sich auf dem wiederholt erwähnten Flugplatz Issy-les-Moulineaux bei Paris.

Dort ereignete sich kurze Zeit später ein Flugunfall, »dem Madame Driancourt«, Mutter von drei Kindern,[53] »leicht hätte zum Opfer fallen können. Die genannte Pilotin hatte einen Flug in 500 m Höhe ausgeführt, als sie, in der Absicht zu landen, die Zündung an ihrem Motor abstellte. Eigentümlicherweise gelang ihr das aber nicht, und der Motor fuhr fort zu drehen. Die Landung vollzog sich nun in dramatischer Weise; die Pilotin, um der herbeieilenden Menge zu entgehen, fuhr direkt in den Fliegerschuppen hinein, wobei der Apparat in Splitter ging; die Pilotin selbst zog sich nur leichte Hautverletzungen zu.«[54]

Derb und unmißverständlich beschrieb knapp 30 Jahre später ein Autor den Vorgang: »Madame Driancourt gelingt es, den Motor nach und nach etwas abzudrosseln. Auf der Erde laufen die Menschen zusammen, verstreuen sich wie ein Haufen irrsinnig gewordener Hammel auf dem Flugfeld, stellen sich der landenden Maschine in den Weg. Madame Driancourt zögert

Sommerschuppen der Fliegerschule von René Caudron, in der Louise Driancourt fliegen lernte

keinen Augenblick, reißt den Aeroplan herum, rast mit voll laufendem Motor direkt in den seitlich stehenden Flugzeugschuppen hinein. Mit einigen üblichen Hautabschürfungen kam sie davon. Ihre Geistesgegenwart aber rettete vielen unschuldigen, dummen Menschen das Leben.«[55]

Nach diesem Datum waren keine weiteren zeitgenössischen Erwähnungen über diese entschlußkräftige Fliegerin auffindbar. Es kann vermutet werden, daß sie im Bewußtsein ihrer Verantwortung für die Familie, vor allem für ihre Kinder, nach diesem gefährlichen Erlebnis das Fliegen wieder aufgegeben hat. Die Entscheidung der fliegenden Mutter, die hier unterstellt werden soll, erschiene vor dem Hintergrund der zu-

nehmenden Flugunfälle einleuchtend, wenn zwei Sachverhalte berücksichtigt werden.

Erstens hatten bis zum Zeitpunkt ihres Unfalls, der sich nach recherchierten Informationen nicht genauer als gegen Ende Juni 1911 bestimmen läßt, im internationalen Motorflug 60 Personen bei Abstürzen ihr Leben verloren.[56] Viele davon in Frankreich, und das wird ihr bekannt gewesen sein.

Zweitens ereignete sich nur knapp vier Wochen nach ihrem eigenen Unfall ein Unglück in Frankreich, bei dem erstmals eine Frau am Steuer eines Motorflugzeuges, Denise Moore, in den Tod stürzte. Auch dieser Vorfall mochte sie darin bestärkt haben, das Fliegen aufzugeben.

Denise Moore (Jane Wright)

Einem Zeitungsbericht aus Paris zufolge war Denise Moore die Tochter britischer Eltern und wurde in Algerien geboren.[57] Im Alter von 35 Jahren begann sie den Flugunterricht an der Schule von Henry Farman in Etampes, und zwar im Juni 1911. Die Ausbildung hatte sie, wie zu lesen war, ohne Wissen ihrer Familienangehörigen aufgenommen und sich deshalb unter einem Pseudonym in die Flugschülerliste eingetragen, denn einer damaligen Unfallübersicht zufolge war ihr richtiger Name Jane Wright.[58] Bald nach dem Ausbildungsbeginn, am 21. Juli, geriet ihr während eines Übungsfluges der Doppeldecker außer Kontrolle. Darüber war am folgenden Tage in der Zeitung zu lesen, und zwar unter der Überschrift »Das erste weibliche Opfer der Aviatik«:

«Der Flugsport hat gestern sein erstes weibliches Opfer gefordert. Die Fliegerin Frau Denise Moore hat in der Umgebung von Etampes den Tod gefunden... Gestern früh führte sie auf einem Doppeldecker zwei sehr schöne Flüge in etwa 100 Meter Höhe aus und wollte am Abend bis zu 150 Meter aufsteigen, obwohl ihr Lehrer sie warnte und meinte, daß sie lieber systematischer trainieren solle. Nach einigen kurzen Vorflügen erhob sie sich abends 8 Uhr auf 40 Meter Höhe. Plötzlich, man weiß nicht warum, sah man sie ein Wendemanöver ausführen. Der Apparat, der sich nur zwei Meter noch von dem Schuppen entfernt befand, kam in eine schräge Lage. Die Fliegerin wollte scheinbar das Gleichgewicht herstellen und machte dabei wohl eine falsche Wendung, die ihr verhängnisvoll wurde. Sie brachte zwar den Apparat ins Gleichgewicht, in demselben Moment kippte er aber und stürzte vornüber auf den Boden herab. Zahlreiche Zuschauer eilten sofort herbei, die Hilfe kam jedoch zu spät. Die Frau war auf der Stelle getötet worden. Sie hatte einen Bruch der Schädeldecke davongetragen, die Brust war aufgerissen und das Gesicht verstümmelt.«[59]

Sehr viel sachlicher, weil unter Verzicht auf eilfertige Schuldzuweisungen sowie auf sensationslüsterne Verletzungsbeschreibungen, urteilte eine fachlich seriöse Quelle: »Frau Denise Moore ... hatte das erstemal ohne Begleitung einen Flug mit ihrem Farman-Doppeldecker ausgeführt und war etwa 10 Minuten geflogen, als eine heftige Böe den Zweidecker erfaßte und umkippte. Trotzdem sich der Sturz aus geringer Höhe vollzogen hatte, trug die Pilotin einen Bruch der Wirbelsäule davon, dem sie augenblicklich erlag.«[60]

Suzanne Bernard

Bald darauf stürzte eine zweite Flugschülerin in Frankreich tödlich ab: Suzanne Bernard. Sie hatte im September 1911 auf dem Flugplatz Villesavage in der Nähe von Etampes mit der Ausbildung auf einem Doppeldecker begonnen. Im März 1912 sollte sie zu ihrem letzten Prüfungsflug zur Erlangung des Flugzeugführerscheines starten.[61] Nähere Einzelheiten verbreitete die Presse mit den üblichen Nichtübereinstimmungen. Zwei gekürzte Beispiele aus Berliner Zeitungen vom 11. und 12. März 1912 mögen zur Illustration ausreichen:

«Berliner Tageblatt«

«Todessturz einer französischen Fliegerin. Die jüngste Fliegerin Frankreichs ist heute abgestürzt und fiel so unglücklich, daß sie sofort getötet wurde. Fräulein Suzanne Bernard machte heute morgen im Aerodrom in der Nähe von Etampes einen Aufstieg, um sich das Pilotenzeugnis des Aeroklubs von Frankreich zu erwerben. Sie flog die Landstraße von Etampes nach Orléans im ruhigen Fluge. Plötzlich legte sich aus unbekannten Gründen ihr Zweidecker auf die Seite und sie

Suzanne Bernard im Pilotensitz ihres Schuldoppeldeckers

stürzte aus einer Höhe von 60 Metern ab. Die junge Dame blieb zerschmettert auf der Straße liegen und war sofort tot.«

«Berliner Zeitung« («B.Z.«)

»Todessturz einer Fliegerin. Die junge französische Aviatikerin Suzanne Bernard stieg gestern vormittag von Ville Souvage zu einem Probeflug auf. Die ersten beiden Flüge gelangen der Fliegerin ganz vorzüglich. Sie machte aber hierauf, offenbar um ihre Bravour zu zeigen, einige Schleifen. Als sie zum dritten Flug aufstieg, warnten sie ihre Flugkollegen und Angehörigen vor den scharfen Kurven, die sie bei den ersten Flügen gezeigt hatte, insbesondere machte man sie auf die Gefahr aufmerksam, die für die Fliegerin in zu scharfen Rechtskurven lag. Fräulein Bernard versprach auch, die Ratschläge zu befolgen. Bei völliger Windstille stieg sie rasch in die Höhe und hatte bald einige 100 Meter erreicht. Trotz ihres Versprechens machte sie hier aber doch eine scharfe Wendung nach rechts. Der Apparat geriet ins Rutschen und stürzte in Spiralen zu Boden. Die sofort herbeigeeilten Zuschauer zogen die waghalsige Fliegerin behutsam aus den Trümmern heraus. Sie hatte sich beide Beine gebrochen und zahlreiche Quetschungen erlitten. Fräulein Bernard, die das Bewußtsein verloren hatte, wurde nach dem Krankenhause gebracht. Auf dem Wege hierhin starb sie, ohne das Bewußtsein wiedererlangt zu haben.«

Sehr scharf und gefühllos legten sich einige französische Zeitungsleute ins Zeug und heizten die Diskussion an. So schrieb der Journalist Henri Rochefort: »Eltern, die ihre blutjunge Tochter dem Tode entgegengehen lassen, sind Verbrecher, die kein Mitleid verdienen.«[62] Zeitkolorit!

Suzanne Bernard wurde am 31. Oktober 1893 in Troyes geboren. Als sie abstürzte, befand sie sich in ihrem 19. Lebensjahr.

Die japanische Fliegerin Aboukaia (rechts) mit ihrem englischen Manager Tod-Lane vor einem »Demoiselle«-Eindecker (1910)

Fräulein Aboukaia

Zu den Flugbegeisterten, die aus vielen Ländern nach Frankreich kamen, der damaligen Hochburg des europäischen Motorfluges, um sich dort an einer jener Fliegerschulen ausbilden zu lassen, die den Namen eines international bekannten Piloten trug, gehörte im Jahre 1912 Fräulein Aboukaia aus Japan.

Die körperlich kleine Dame wählte sich dafür ein entsprechend kleines und leichtes Flugzeug aus – einen »Demoiselle«-Eindecker aus der Werkstatt von Santos-Dumont.

Damit erlebte sie »gleich zu Anfang ihrer Lehrzeit einen bösen Sturz, der wohl mancher anderen das Weiterlernen verleidet hätte. Bei einem Versuchsflug vollführte der von ihr erwählte sehr flinke, aber schwierig zu handhabende Monoplan 'Demoiselle' einen regelrechten Salto mortale. Fast unverletzt kam die junge Dame unter dem Trümmerhaufen zum Vorschein. 'Daran bin ich selber Schuld', meinte sie tapfer, 'ich wollte gar zu schnell lernen'. Sogleich ließ sie sich einen neuen Apparat zur Verfügung stellen und setzte unbeirrt ihre Versuche fort.«[63]

Ob und wo Fräulein Aboukaia ihre Ausbildung abschloß und wie es dann weiterging, war nicht feststellbar, denn ihr Name taucht in der französischen Flugzeugführerliste nicht auf. Bekannt wurde jedoch, daß offenbar daran gedacht war, sie solle als »Flying Girl« bei Flugtagen auftreten, also vermarktet werden wie etwa ein Profiboxer,

Vorderteil und Seitenansicht des dreisitzigen Schulflugzeuges mit Doppelsteuer,
in dem Jane Pallier ihre ersten Flugunterweisungen erhielt

Fernflug Paris - Berlin geplant

»Es verlautet bestimmt, daß eine Fliegerin von Paris nach Berlin fliegen will; es ist dies die bekannte Frau Pallier, die auf einem Zweidecker 'Astra' an zahlreichen flugsportlichen Veranstaltungen teilgenommen hat und anscheinend entschlossen ist, den Flug zu wagen. Die Dame will versuchen, die Reichshauptstadt in der kürzesten Zeit und mit möglichst wenigen Zwischenlandungen zu erreichen.«

(»Flugsport« Nr. 12/1913, S. 502)

denn bald nach ihrem Eintreffen in Frankreich war ein Engländer namens Tod-Lane an ihrer Seite, der in Pressemitteilungen als ihr Manager bezeichnet worden ist.

Jeanne Pallier

Im selben Jahre 1912 befand sich die Französin Jeanne Pallier in der Flugausbildung. Zu diesem Zeitpunkt war sie 42 Jahre alt.[64] Das Flugzeug, auf dem sie fliegen lernte, war, verschiedenen Hinweisen zufolge, ein »Astra«-Doppeldecker, der durch seinen besonders langen und stoffbespannten Rumpf auffiel, in dem drei Sitze hintereinander angeordnet waren, die beiden hinteren mit Steuerung versehen. Dadurch konnten der Fluglehrer (hinterer Sitz), sein Schüler (Mittelsitz) und noch ein weiterer Fluggast (Vordersitz) gleichzeitig fliegen. Es verdient auch aus heutiger Sicht Respekt, daß Frau Pallier das Fliegen auf diesem relativ großen Flugzeug gemei-

stert hat, wenngleich mit der Begleitung ihres Fluglehrers. Zum Alleinflug und zur Pilotenprüfung soll sie dann jedoch auf einen kleineren Doppeldecker umgestiegen sein.

Die Firma »Astra, Société de Constructions Aéronautique« befand sich in Paris, die Flugschule hingegen auf dem Luftschiffbaugelände der »Astra«-Gesellschaft in Billancourt an der Seine.[65] Es ist in diesem Zusammenhang erwähnenswert, daß diese Luftschiff- und Flugzeugbaugesellschaft zu den ersten gehörte, die zum Bau und zur Verwendung von Flugzeugen mit Doppelsteuerung übergingen, nachdem sich Unfälle bei der Ausbildung von Fliegern mit einsitzigen Flugzeugen vermehrt hatten und außerdem das Militär – wohl aus den gleichen Gründen – solche Flugzeugausstattungen forderte. Am 6. September 1912 erhielt Jeanne Pallier ihren Flugzeugführerschein mit der zu diesem Zeitpunkt schon beachtlich hohen Nummer 1012 vom französischen Aeroklub.

Ab dem Jahre 1913 sind die in deutschen Blättern veröffentlichten Meldungen über Fliegerinnen in Frankreich immer spärlicher geworden und versiegten schließlich. Der schrittweise zunehmende militärische Einfluß auf die Motorflugentwicklung in Deutschland und der damit verbundene permanente Vergleich der deutschen und französischen Spitzenleistungen, insbesondere von Strecken- und Höhenflügen, bestimmte zunehmend auch die Inhalte der Fachzeitschriften. Und die Tagespresse hatte, weil der deutsche Motorflug inzwischen einen starken Leistungsaufschwung verzeichnen konnte, genügend Schlagzeilen vom Geschehen auf deutschen Flugplätzen.

Madame Richer im Pilotensitz
eines modernisierten Caudron-Doppeldeckers (1913)

Madame Richer

So blieb die letzte erreichbare »Frauenmeldung« aus Frankreich dem August 1913 vorbehalten. Danach hatte Madame Richer, eine in ihrem Lande bekannte Repräsentatin des Reitsportes und der Automobilfernfahrten, die bereits mehrere Preise gewonnen hatte, am 27. Mai 1913 ihr Flugzeugführerzeugnis erhalten. Die fliegerische Ausbildung hatte sie auf einem modernisierten Caudron-Doppeldecker absolviert. Dabei habe sie sich, so wurde hervorgehoben, als eine begabte Pilotin erwiesen.[66] Mehr war jedoch über diese Fliegerin nicht herauszufinden.

Thérèse Peltier

In der Reihe der in der Frühzeit fliegenden französischen Frauen verdient – der Vollständigkeit halber – Thérèse Peltier die Aufmerksamkeit, obgleich sie nicht Fliegerin, sondern Mitfliegerin gewesen ist. Sie spielte nur eine kurze Rolle im Motorflug, und dennoch hat sie manche andere ihres Geschlechts im In- und Ausland auf die neue Möglichkeit der Teilnahme an der Luftfahrt hingewiesen.

Die Anregung zum Mitfliegen hatte sie von Léon Delagrange erhalten, der ein mehrmals preisgekrönter Bildhauer war und den sie, selbst Bildhauerin, schon längere Zeit kannte. Delagrange befand sich unter den Ersten, die sich in Frankreich dem Motorflug zugewandt hatten. Hinter seinem Landsmann Louis Blériot und dem Amerikaner Glenn Curtiss war er der Inhaber des französischen Flugzeugführerscheines Nr. 3 seit dem 7. Januar 1909. Das war das erste Ausstellungsdatum für Flugzeugführerscheine in Frankreich. Geflogen wurde aber vorher schon. Delagrange benutzte dafür einen Doppeldecker, der in seinem Auftrage von den Brüdern Voisin gebaut worden war. Im Jahre 1908 markierte er damit seine ersten Flugweltrekorde.[67]

Am 21. März 1908 hatte Delagrange als erster Flieger in Frankreich einen Passagierflug vorgeführt.[68] Diese Flugdemonstration wiederholte er am 8. Juli 1908 in der italienischen Stadt Turin. Diesmal war der Passagier eine Frau: Thérèse Peltier. Erstmals hatte damit eine Frau an einem Motorflug teilgenommen.[69]

Nach diesem Erlebnis soll Madame Peltier erwogen haben, selbst Flugzeugführerin zu werden – und sie wurde wiederholt in späteren Veröffentlichungen als Delagranges Flugschülerin bezeichnet. Daher hat man sie oft als erste europäische Frau in und an einem Flugzeug fotografiert, jedoch ist sie nie allein geflogen. Ihren Wunsch, sofern es ihn tatsächlich gab, selbst eines Tages ein Flugzeug zu steuern, hat sie spätestens aufgegeben, als ihr Freund Delagrange am 4. Januar 1910 tödlich abstürzte.

Oft fotografiert: Thérèse Peltier auf einem Voisin-Doppeldecker

Mademoiselle Peltier in Flugzeugführerposition – jedoch ist sie nie allein geflogen

An dieser Stelle kann auf die Anmerkung nicht verzichtet werden, daß auch in sonst zuverlässigen Dokumentationen aus den Jahren 1911/12 unterschiedliche Angaben über den Ort des Absturzes mitgeteilt werden. Danach hat sich das Unglück an jenem 4. Januar entweder auf dem Flugfeld Pau[70] am Fuße der Pyrenäen oder in Croix-d'Hins bei Bordeaux[71] ereignet.

Außerdem läßt die Zeit von anderthalb Jahren seit dem ersten Mitflug Thérèse Peltiers dar-an zweifeln, daß sie jemals Delagranges Flugschülerin war, denn wie sich bald darauf herausstellte, konnte eine ernsthaft betriebene Flugausbildung damals schon nach wenigen Wochen abgeschlossen werden.

So bleibt die Feststellung, daß die Französin Peltier die erste Frau war, die mitflog, und ihre Landsmännin de Laroche die erste Frau, die Motorflugzeugführerin wurde.

47

Deutsche Fliegerinnen
mit Durchsetzungsvermögen

In Deutschland hatten sich unternehmungswillige Luftfahrtanhänger schon zeitig von den Aktivitäten im französischen Nachbarland anregen lassen. Auch hier begann das Vordringen in die Lüfte zunächst mit Ballonen, und als der deutsche Motorflug begann, meldeten sofort einige Frauen ihr Interesse an.

Käthe Paulus

Die erste herausragende Persönlichkeit in der deutschen Luftfahrt wurde Käthe Paulus – eine international bekannte Ballonfahrerin und Fallschirmspringerin, im Jahre 1909 auch die erste deutsche Motorflugschülerin. Am 22. Dezember 1868 geboren,[72] erlernte sie den Beruf einer Näherin, wurde später mit dem namhaften Ballonfahrer und Fallschirmspringer Hermann Lattemann bekannt, ließ sich von ihm in der Herstellung und Reparatur von Ballonen und Fallschirmen unterrichten und wollte schließlich selbst tun, was Lattemann öffentlich vorführte. Im Sommer 1893 nahm sie dieser erstmals zu einem Ballonaufstieg mit, sprang mit einem Fallschirm aus der Höhe ab – und Käthe Paulus brachte anschließend den Ballon sicher zur Landung.[73] Eine Woche darauf führte sie in Nürnberg, mit einem Passagier an Bord, ihren ersten selbständigen Ballonaufstieg vor, und am folgenden Tage ihren ersten Fallschirmsprung vom Ballon. Fortan reisten Käthe Paulus und Hermann Lattemann gemeinsam zu Vorführungen in verschiedene Städte des In- und Auslandes. Das Luftfahrerpaar, inzwischen verlobt, verfeinerte die Auf-stiegs- und Absprungvorführungen immer mehr. Die Veranstalter übertrafen einander mit verlockenden finanziellen Angeboten.

Dann kam der 17. Juni 1894. In Krefeld hatten sich die Zuschauer versammelt. Lattemann und Paulus waren auf den Plakaten und in Zeitungen angekündigt worden. Der Ballonaufstieg verlief wie immer. In ausreichender Höhe schwang sich Käthe Paulus auf den Ballonkorbrand, sprang ab und schwebte am Fallschirm dem Boden entgegen. Sodann riß Lattemann, wie schon wiederholt vorgeführt, eine eingearbeitete Reißbahn an der unteren Ballonhälfte auf, damit das tragende Gas rasch entweichen konnte. Im selben Moment begann der Ballon zu sinken und, je weniger Gas in der Hülle verblieb, ins Fallen überzugehen. Bei einer bestimmten Fallgeschwindigkeit sollte unter dem Einfluß des Luftwiderstandes die Unterseite der Hülle nach innen umschlagen, die vorherige Kugelform in eine nach oben gewölbte Halbkugel – also einen Fallschirm – verwandeln und Lattemann herabtragen.

Doch diesmal lief dieser Vorgang nicht störungsfrei ab »und der Ballon stürzte in rasendem Falle mitsamt dem an einem Gurte hängenden Luftschiffer herab. Infolge der größeren Geschwindigkeit sauste er in wirbelnden Schraubenwindungen an der Vorangesprungenen vorbei, die bei vollem Bewußtsein das heftige Geräusch hörte und sah, wie ihr Bräutigam zur Erde niederstürzte. Sie bemerkte auch seine vergeblichen Bemühungen, durch Ziehen an den

Leinen der Hülle die gewünschte Schirmform zu geben. Nur zwei Minuten hatte der schreckliche Sturz gedauert. Etwa eine halbe Stunde später stand Kätchen Paulus, die zu ihrem Abschweben zwölf Minuten gebraucht hatte, neben der schrecklich verstümmelten Leiche ihres Bräutigams.«[74]

Es schien zunächst, als wollte Käthe Paulus diese gefährliche Schaustellerei aufgeben, denn sie sagte die Teilnahme an weiteren luftakrobatischen Vorführungen ab. Doch bald, in finanzielle Schwierigkeiten geraten und bedrängt von Veranstaltern, die mit hohen Gagen lockten, nahm sie ihre Tourneen, fortan allein, wieder auf. Sie äußerte später dazu: »Von allen Seiten kamen Briefe, körbe-, wagenvoll, und alle enthielten immer wieder dieselbe Frage: Wann steigen Sie wieder auf? Und so entschloß ich mich schließlich, auch deshalb, weil Verträge mich banden, wieder aufzusteigen.«[75] Nizza, Wien und Innsbruck waren die nächsten Stationen. In ihrem Briefkopfbogen führte sie jetzt die Berufsbezeichnung »Aeronautin«.

Nicht immer verlief alles komplikationslos, aber sie blieb von schweren Stürzen verschont. In Wien hatte sie »ein komisches Erlebnis«, das sie so schilderte: »Ich war über einer großen Festwiese aufgestiegen, und beim Absprung kam ein Wind auf, der mich abtrieb. Ich flog über die Häuser der Stadt, kam in ganz bedenkliche Nähe des Stefansdoms und landete schließlich nach einer recht ungemütlichen Fahrt mitten auf einer der belebtesten Hauptstraßen. Die Folge war natürlich ein riesiger Menschenauflauf, Verkehrsstockung, und schließlich nahm mich ein Polizist fest, weil es verboten wäre, mit dem Fallschirm in einer Verkehrsstraße zu landen!«[76] In die Wiener Kärntnerstraße war sie hineingetrieben worden.

Käthe Paulus vor einem Doppelsprung vom Ballon – aber eine Atelieraufnahme

Bei einer anderen Gelegenheit landete sie, so wurde berichtet, vor der niederländischen Küste beim Ort Scheveningen in der Nordsee. Doch gab es keinen Grund zur Beunruhigung, denn sie hatte, als ihr Ballon vom Wind auf das Meer zuge-

Aufstieg der Aeronautin Käthe Paulus am 27. August 1899 in Wiesbaden

trieben wurde, rasches Sinken eingeleitet, und so ging ihr das Wasser dort, wo sie herunterkam, nicht einmal bis zum Halse. Eher erregte es Heiterkeit, weil eine Zeitung diese Wasserlandung als ihre »Niederkunft« bezeichnet hatte.[77]

Zwei spezielle luftakrobatische Vorführungen verbanden sich seinerzeit mit dem Namen Käthe Paulus: Der Doppelsprung mit dem Fallschirm vom Ballon – und der Aufstieg mit dem eigens dafür gebauten »Fahrrad-Ballon«, einem originellen Reklameluftfahrzeug der Fahrradfabrik »Adler« in Frankfurt am Main.

Der Doppelsprung hatte seine Bezeichnung erhalten, weil für einen Sprungvorgang nacheinander zwei Fallschirme dienten, die bereits vor dem Ballonaufstieg oberhalb des Korbes an einer Auslegerstange befestigt wurden. Käthe Paulus, die in einer mit dem zweiten Fallschirm verbundenen Seilschlinge saß, sprang gewöhnlich aus etwa 1200 Metern Höhe ab, fiel, und hinter ihr öffnete sich mittels einer Aufzugsleine der erste Fallschirm, an dessen unteren Leinenenden nunmehr der noch zusammengerollte zweite Fallschirm hing, darunter eine Trapezstange, an der sich die Springerin festhielt, die aber, wie erwähnt, zudem in einer Seilschlinge saß.

Nach einer bestimmten Sinkzeit setzte sie sich noch einmal in dieser Seilschlinge zurecht (die das heute längst bekannte Gurtzeug ersetzen mußte) und löste mittels einer Schnur, die sie kräftig ziehen mußte, den zweiten Sprung aus: Sie fiel plötzlich, während mancher Zuschauer

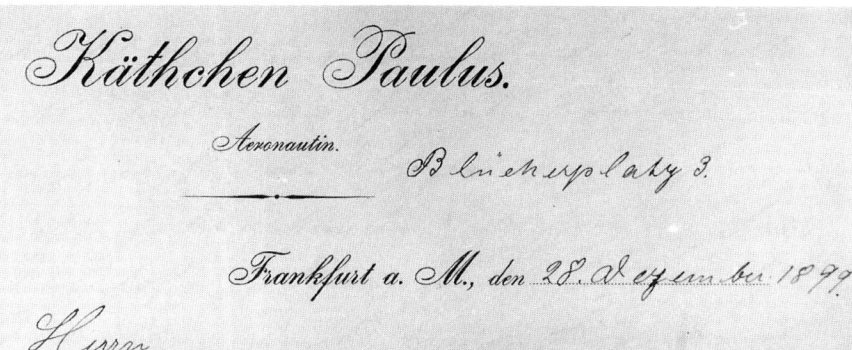

Paulus-Briefkopfbogen um die Jahrhundertwende

vor Schreck erstarrte, vom geöffneten ersten Fallschirm herab; eine mit diesem verbundene Aufzugsleine rollte den zweiten Fallschirm auf, dessen Kappe sich dann im Luftstrom öffnete und die Frau nach unten trug.

Für die Zuschauenden waren solche Kapriolen gewiß ein Nervenkitzel, der sie für ihr Eintrittsgeld entschädigte, das sie für das Verweilen auf dem Vorführgelände bezahlt hatten, auf dem sie schon lange zuvor aus der Nähe das Gasfüllen des Ballons und die weiteren Vorbereitungen beobachten konnten. Außerdem sah alles von unten so aus, als hielte sich Käthe Paulus wirklich nur mit den Händen am Trapez, und sie würde sofort abstürzen, wenn sie dort abglitte. Das allerdings konnte nie ausgeschlossen werden, denn die Seilschlinge, in der sie saß, war nach oben geöffnet – es waren keine eng am Körper anliegenden Gurte, wie sie Fallschirmspringer heute benutzen.

Obwohl diese Vorführung auf einem ausgeklügelten System von Halterungen, Trenn- und Öffnungsfolgen beruhte, verlangte sie besonnenen Mut ebenso wie körperliche Gewandtheit, Kraft und Reaktionsschnelligkeit. Risiken blieben dennoch. Käthe Paulus hatte dazu gesagt:

Käthe Paulus mit einem »Fahrrad-Ballon« – eine von mehreren zeitgenössischen Darstellungen

»Ich gestehe gern, daß der Entschluß zum Absturz in die Tiefe eine große Überwindung kostet. Bleibt doch stets der Gedanke lebendig, daß irgendwo eine Kleinigkeit übersehen sein könnte, daß das bisher bewährte Material irgendeinen Schaden hat und der gewagte Sprung der letzte sein könnte.«[78]

Eine andere Attraktion war das Luftradeln mit dem schon erwähnten »Fahrrad-Ballon«. Dazu ist eine zeitgenössische Beschreibung überliefert, die besagt: »Das Vehikel von Fräulein Paulus haben die Adler-Fahrradwerke ihrer Vaterstadt Frankfurt a. M. erbaut. Es besteht aus einem langen eiförmigen Ballon, überspannt mit einem Netz, welches dicht unterhalb der Ballonhülle nach einer zugleich als Längsversteifung dienenden Stange hinläuft. An letzterer nun befindet sich ein leichter Rahmen, welcher den Sitz der Luftschifferin, genau gleichend denen der Zweiräder, und die Propeller mit deren Übertragungen nach den Tretkurbeln trägt.

Bezüglich der Propeller hatte Fräulein Paulus im Jahre 1898 je eine 4 flügelige Schraube vorn und hinten am Gestell angebracht. In diesem Jahr hat sie dieses System verlassen und statt dessen vorn zwei nebeneinander befindliche vierschau-

Zeitgenössische Postkarte von der Johannisthaler Eröffnungsflugwoche

Die erste deutsche Motorflugschülerin, Käthe Paulus, im Pilotensitz eines Wright-Doppeldeckers in Johannisthal bei Berlin (1909/10)

felige Wendeflügelräder. Über ihre Erfahrungen, basierend auf ihren 15 Fahrten mit dem vorjährigen Modell, teilte Fräulein Paulus uns mit, daß sie allemal die Wirkung der Propeller auf die Flugbahn des Fahrzeuges deutlich gespürt hat. Sie will bei ruhigem Wetter mehrfach beobachtet haben, daß sie gegen die Windrichtung bei kräftigem Treten sich einige Zeit still stehend halten konnte. Unsere Luftradlerin fliegt fast ausschließlich in West- und Süddeutschland. In

Köln a.Rh., Düsseldorf, Frankfurt a.M., Wiesbaden, Kreuznach, Metz, Strassburg, München und so fort ist sie wohlbekannt und Tausende haben dort angeschaut und werden bestätigen, daß sie den Luftradelsport mit vieler Grazie ausübt, wozu ihre anmutige Erscheinung nicht wenig beiträgt.«[79]

Die Anzahl ihrer Ballonaufstiege und Fallschirmsprünge, die sich in den unterschiedlichen Veröffentlichungen finden, wird in voneinander abweichenden Größenordnungen angegeben. Sie selbst hat in einem Zeitungsinterview über ihre Fallschirmsprünge vom Ballon mitgeteilt: »Hundertsiebenundvierzigmal! Und 510 Ballonfahrten habe ich gemacht. Mein letzter Absprung war 1909. Dann lernte ich auf einer Wright-Maschine fliegen.«[80]

Letzteres traf nicht ganz so zu, denn sie hat im Zeitraum 1909/10 mit der Motorflugausbildung begonnen, und zwar auf dem ersten deutschen Motorflugplatz in Berlin-Johannisthal, diese jedoch nicht abgeschlossen. Die Presse meldete: »In Johannisthal übt seit einiger Zeit bei der Wright-Gesellschaft Fräulein Käthchen Paulus, die beabsichtigt, in nächster Zeit die Bedingungen für das Führerzeugnis zu erfüllen, um dann als erste deutsche Flugzeugführerin Schauflüge in den verschiedensten Städten Deutschlands zu veranstalten. Unter den Berufsluftschiffern ist sie zweifellos eine der interessantesten Persönlichkeiten... Nun will Fräulein Paulus zur Aviatik übergehen und auf der Flugmaschine um die Gunst des Publikums werben.«[81]

Käthe Paulus hatte sofort auf die Inbetriebnahme des Flugplatzes in Johannisthal reagiert, denn kaum war die Eröffnungsflugwoche am Oktoberbeginn des Jahres 1909 vorüber, die mit ihrem internationalen Teilnehmerfeld die Titelseiten der Tageszeitungen beherrschte, meldete sie sich in der ersten Flugschule, die dort ihre Tätigkeit aufnahm, als Schülerin an. Zuerst war Paul Engelhard, Chefpilot und Technischer Leiter der »Flugmaschine Wright GmbH.«, ihr Fluglehrer, danach Fridolin Keidel.[82] Ihren Lehrer Engelhard soll sie »zur Verzweiflung« gebracht haben.[83] Keidel gab auf. Die Gründe sind unklar. Schließlich hieß es, sie soll, an die Lautlosigkeit der Ballonfahrt gewöhnt, das laute Geräusch des Flugmotors nicht vertragen haben. Eine andere Version lautete, daß »der Todessturz ihres Lehrers Engelhard ihrer Ausbildung ein jähes Ende bereitete und ihr jede Lust zum weiteren Fliegen nahm«.[84] Das aber erscheint als völlig aus der Luft gegriffen, denn Paul Engelhards tödlicher Absturz ereignete sich erst am 29. September 1911. Käthe Paulus hatte ihre Flugausbildung schon etwa anderthalb Jahre zuvor aufgegeben. Niemand kennt wohl die Gründe genau, denn es ist nicht bekannt, daß sie sich jemals selbst dazu geäußert hätte.

Im Jahre 1915 eröffnete sie in Berlin-Reinickendorf eine Fertigungsfirma für Rettungsfallschirme, die zur Verwendung für Artillerie-Beobachter in Fesselballonen geeignet waren. Manches Leben haben ihre Fallschirme zu retten vermocht. Als am 17. April 1917 vor Verdun in Frankreich gleich zehn deutsche Beobachtungsballone abgeschossen wurden, deren Besatzungen sich mit Paulus-Fallschirmen retten konnten, erhielt sie das »Verdienstkreuz für Kriegshilfe«.[85] Nach dem Kriege ist es still um sie geworden. Sie starb am 26. Juli 1935 in Berlin.[86]

Melli Beese

Nicht weniger bekannt und beliebt als Käthe Paulus wurde Amélie Hedwig Beese, genannt Melli Beese, die erste deutsche Motorfliegerin. In Laubegast bei Dresden wurde sie am 13. September 1886 geboren. Als zweite Tochter eines erfolgreichen Architekten gehörte sie zu den »höheren Töchtern«.[87] Jedoch nicht allein die soziale Herkunft und das damit verbundene Streben nach Selbständigkeit prägten Melli Beeses Persönlichkeit, sondern auch das hartnäckige Bemühen, am Motorflug teilzunehmen, der sich in Europa just zu jener Zeit zu entwickeln begann, als sie im August 1905 an der »Königlichen Akademie der Freien Künste« in Stockholm ihr Studium aufnahm.

Paul Engelhard,
Chefpilot der deutschen Wright-Flugschule,
dessen Schülerin Käthe Paulus war,
lehnte Melli Beeses Ausbildung ab

Im Zeitraum 1908/09 kehrte sie als talentierte Bildhauerin in das Haus ihrer Eltern zurück, das sich inzwischen in Dresden-Blasewitz befand. In dieser Zeit begann sie sich gezielt für technische Fächer zu interessieren, besuchte Vorlesungen über Flugtechnik und Flugmechanik in Dresden, gab aber nach zwei Semestern ihre dortigen Studien auf und war entschlossen, Motorfliegerin zu werden. Das war im Sommer 1910.

Schon in Stockholm hatte sie im Jahre 1908 aus der Zeitung erfahren, daß der französische Bildhauer Delagrange flog, und seit dem Juli des Jahres gemeinsam mit Thérèse Peltier, ebenfalls Bildhauerin. In Dresden hatte sie die Johannisthaler Eröffnungsflugwoche in der Presse verfolgt. Jetzt wußte sie, daß die weithin bekannte Käthe Paulus dort die erste deutsche Fliegerin werden wollte, aber ihre Ausbildung abgebrochen hatte. In Frankreich hingegen flogen Frauen bereits weltrekordreife Leistungen. Ihre Namen, Raymonde de Laroche und Hélène Dutrieu, waren wiederholt in deutschen Pressemeldun-

gen zu finden. Nunmehr wollte sie es selbst versuchen. Im Herbst 1910 reiste sie nach Berlin und suchte das Flugfeld im südöstlichen Vorort Johannisthal. Sie hat es so beschrieben:

»November war's, ein stürmisch kalter, regnerischer Spätnachmittag. Ich hatte wohl die Entfernung von Berlin unterschätzt, war auch wiederholt irregegangen – denn damals wiesen noch keine weithin sichtbaren Schilder an wohlgepflegten Zufahrtstraßen den Weg –, und so war es schwarze Nacht geworden, in die nur ab und zu rotglühende Öllämpchen vor naßglänzenden Kieferstämmen blakten, als ich mit vorgehaltenem Regenschirm, am hohen Pallisadenzaun entlang, mich mühsam durch Sturm und fußhohen Schlamm kämpfte, dem Eingangspförtchen der Albatros-Werke zu. Ich hatte eigentlich zur Wright-Gesellschaft gewollt, die jedoch am entgegengesetzten Ende des Platzes lag, auf Adlershofer Gebiet, und heute nicht mehr zu erreichen war. Um nun die ganze Reise nicht umsonst gemacht zu haben, beschloß ich, den Zufall walten zu lassen und mich der Firma Albatros anzuvertrauen. Ich wollte fliegen lernen!«[88]

So mühevoll wie dieser erste Fußweg zum Ziel sollte auch der Weg in die Lüfte werden, wie sich dann herausstellte. Vom Direktor der Albatros-Werke wurde sie sogleich abgewiesen und zur Flugschule der Wright-Gesellschaft geschickt. Dort habe man Erfahrungen mit der Ausbildung von Frauen, hörte sie unter Hinweis auf Käthe Paulus. Am nächsten Morgen erhielt sie bei der »Flugmaschine Wright GmbH.« auf der Adlershofer Seite des Flugplatzes ihre zweite Ablehnung – diesmal schroffer formuliert als am Vortage, denn Paul Engelhard, der Käthe Paulus erster Fluglehrer gewesen war, redete nicht lange um den heißen Brei herum, sondern erklärte »die Frau im Flugzeug a priori für unfähig«. Er verwies

Robert Thelen begann auf einem Wright-Doppeldecker
Melli Beeses Ausbildung, brach sie aber nach einer gemeinsamen Landehavarie ab

sie an Robert Thelen und dessen »Ad Astra-Flug-gesellschaft«, in der ebenfalls mit einem Wright-Doppeldecker geflogen wurde. Dort endlich konnte Melli Beese einen Ausbildungsvertrag ab-schließen. Damit waren noch längst nicht alle Hindernisse ausgeräumt, denn statt zu fliegen, mußte sie sich erst einmal in Geduld üben.[89]

Die Ausbildungsgebühren waren hoch. Bis zum ersten Alleinflug waren in Johannisthal 1500 Mark, bis zur Erlangung des Flugzeugfüh-rerscheines weitere 1500 Mark zu zahlen. Zu die-sen 3000 Mark kamen weitere 1000 Mark als

»Bruchkaution« hinzu, die der Flugschüler zu hinterlegen hatte, bevor er zum ersten Male auf ein Flugzeug klettern durfte. Davon wurden die Reparaturkosten abgezogen, die während der Ausbildung für das Beseitigen von Schäden am Flugzeug anfielen. Am Ausbildungsende war da-von zumeist nichts mehr übrig, denn irgendwel-che Reparaturen gab es an den damaligen »flie-genden Kisten« immer. Es braucht nicht daran gezweifelt zu werden, daß über diese in ihrer Zeit sehr hohen Ausbildungsgebühren, wenn auch von den Fliegerschulen ungewollt, eine soziale

> **»Flugunfall in Johannisthal.**
>
> Gestern nachmittag hat sich auf dem Johannisthaler Flugfelde ein Unfall zugetragen, bei dem eine Dame nicht unerhebliche Verletzungen erlitt. Ingenieur Thelen war mit einer Wright-maschine zu einem Passagierflug mit einer Dame, einer jungen Bildhauerin aus Dresden, auf-gestiegen, hatte mehrere Runden in bedeutenden Höhen glatt absolviert und senkte sich dann bis auf ca. 10 Meter über dem Boden herab. Gegenüber der Schuppenreihe stürzte die Maschine plötzlich nieder und zerbrach vollständig. Der Pilot war glücklicherweise unverletzt geblie-ben, seine Passagierin jedoch hatte außer unbedeutenden Kontusionen« (Quetschungen) »ei-nen Bruch des Fußknöchels erlitten. Von der Maschine war kaum ein Stück ganz geblieben. Wie Ingenieur Thelen behauptet, ist das Unglück durch Reißen einer Kette entstanden.«
>
> *(»Berliner Zeitung« vom 13. Dezember 1910)*

Auswahl der Flugschüler stattfand. Und wahrscheinlich war dies eine der Ursachen dafür, daß Frauen, die damals nicht im entferntesten so stark in das Berufsleben integriert waren wie heute, jedenfalls nicht in berufliche Tätigkeiten mit hohen Einkünften, kaum aus eigener Kraft eine fliegerische Ausbildung finanzieren konnten. Jedoch Melli Beese vermochte über derartige Beträge dank ihres Elternhauses zu verfügen.

Robert Thelen begann ihre Ausbildung und nahm sie ein paar Mal im Flugzeug mit. So auch am Abend des 12. Dezember 1910. Plötzlich springt während des Fluges hinter ihnen mit hartem Knall eine Antriebskette von der Motorwelle. Thelen reagiert sofort und bringt den Doppeldecker im steilen Gleitflug hinunter. Unsanft setzt das Flugzeug auf. Thelen bleibt unverletzt. Melli Beese hingegen erleidet erhebliche Verletzungen und muß ins Krankenhaus gebracht werden. Auch dies kostete Geld ihrer Eltern, denn an Luftfahrtversicherungen war damals überhaupt nicht zu denken.

Im Januar 1911 erschien Melli Beese wieder auf dem Flugplatz, noch an Stützen humpelnd. Bald darauf war sie wieder von ihrem Unfall genesen, doch Thelen setzte ihre Ausbildung nicht fort, sondern ging ihr mürrisch aus dem Weg, redete nicht einmal mit ihr. Sie schrieb später darüber: »Nun, ich war auch nicht gerade geeignet, jemanden aufzuheitern... Eine Erklärung seines eigentümlichen Verhaltens zu verlangen, war ich zu stolz; aber ich wartete, wartete zwei, drei, fast vier lange Monate... Ich aber trennte mich im Mai jenes Jahres von ihm, ohne in der monatelangen Wartezeit auch nur einmal neben ihm am Steuer gesessen zu haben.«[90]

Fliegen zu lernen war sie gekommen; jetzt stand sie, im übertragenen Sinne, wieder im Regen, wie an jenem Novembertag des Vorjahres, als sie zum ersten Male nach Johannisthal gestapft kam. Ein halbes Jahr war vergangen. Ohne die ihr eigene Hartnäckigkeit wäre sie nach Käthe Paulus die zweite deutsche Flugschülerin geworden, die ohne Ausbildungsabschluß ihre Exkursion in die Welt des Fliegens beendet hätte.

Melli Beese auf einem Wright-Doppeldecker
der Johannisthaler »Ad Astra«-Flugschule

Wenigstens eine Mitflugmöglichkeit eröffnete sich, bei der sie, wie sie meinte, auch etwas über
die Führung eines Flugzeuges lernen konnte,
denn zu jener Zeit suchte einer der Fluglehrer der
Wright-Gesellschaft, Robert v. Mossner, gerade
einen Passagier für die Teilnahme am »Sachsen-
Rundflug«, der vom 21. bis 31. Mai 1911 stattfinden sollte und dessen Ausschreibung die Mitnahme eines Flugbegleiters bestimmte. Also
schloß sich Melli Beese ihm an. Es sollte ein Vier-
Etappenflug werden. Die Streckenführung sah
vor: Chemnitz – Dresden; Dresden – Leipzig;
Leipzig – Plauen; Plauen – Zwickau – Chemnitz.
Schon auf der ersten Teilstrecke mußte v. Mossner wegen starken Regens in Öderau notlanden.[91]
Völlig durchnäßt kehrte er mit seiner Begleiterin
nach Chemnitz zurück und unternahm einen
neuen Anlauf, der dann auch gelang. Am Ende

des Rundfluges fand er sich auf dem vierten Platz
in der Gesamtwertung.

Nach dem »Sachsen-Rundflug« eröffnete v.
Mossner am 8. Juni 1911 gemeinsam mit Ernst
Blattmann, ebenfalls ein Fluglehrer der Wright-
Gesellschaft, in Weimar die »Mitteldeutsche Fliegerschule«, eine Filiale der Johannisthaler
Wright-Flugschule. Dort konnte Melli Beese gemeinsam mit v. Mossner einige weitere Übungs-
flüge unternehmen, aber dann kam es plötzlich
erneut zum Abbruch, denn als in Johannisthal
am 11. Juni 1911 der »Deutsche Rundflug« gestartet wurde, mußte aus dem einzigen Wright-
Doppeldecker in Weimar der Motor ausgebaut
und als Ersatztriebwerk für Rundflugteilnehmer
aus der Wright-Firma zur Verfügung gestellt werden. Nun saß Melli Beese in Weimar fest, im Ho-
tel »Russischer Hof«, und langweilte sich.
Schließlich reiste sie nach Johannisthal zurück.

Dort unterschrieb sie einen neuen Ausbildungsvertrag, diesmal mit der Rumpler-Flieger-
schule, an der die Flugschüler auf dem »Tauben«-
Eindecker ausgebildet wurden, einer Konstruktion des Österreichers Igo Etrich. Jetzt schien, auf
den ersten Blick jedenfalls, das Glück auf ihrer
Seite zu sein, denn sie wurde der Fluggruppe von
Hellmuth Hirth zugeteilt, Chefpilot der Rump-
ler-Werke und seinerzeit unumstrittener Star unter den deutschen Motorfliegern. Auch mit dem
Flugzeugmuster, das sie nun kennenlernte,
freundete sie sich überraschend schnell an.
Schon nach den ersten Übungsflügen war dies ihr
Urteil: »Die 'Taube' flog außerordentlich leicht,
zu leicht für meinen Geschmack, man konnte
beinahe sagen, daß man von ihr geflogen wurde.« Schwieriger gestaltete sich die Umstellung
beim Landen, denn beim Wright-Doppeldecker
hatte sie nach vorn und unten stets freie Sicht gehabt, jetzt wurde die Sicht beim Aufsetzen durch

Hellmuth Hirth, Melli Beeses Fluglehrer auf einem Rumpler-Eindecker,
betrieb ihre Ausbildung nur halbherzig

den vorgelagerten Motor behindert. Doch fiel ihr die Umgewöhnung leicht.

Komplizierter war es, sich gegen die männlichen Flugschüler in der Gruppe durchzusetzen, und dies, ohne körperlichen Schaden zu nehmen. Harmlos waren da noch die morgendlichen Rempeleien, wenn es um die Reihenfolge der Ausbildungsstarts ging. Da erschien es ihr vernünftig, zurückzutreten und sich an den Streitigkeiten der Männer nicht zu beteiligen, bei denen sie sowieso kein Gehör gefunden hätte. Gefährlicher, sogar lebensgefährlich, waren da schon vorsätzliche Eingriffe in Melli Beeses Sicherheit – nachträglich als »Streiche« verharmlost.

Einmal bemerkte sie kurze Zeit nach dem Aufstieg, daß ihr Flugzeug schräg in der Luft hing und schlecht auf die Steuerung reagierte. Sofort landete sie, suchte nach der Ursache und stellte fest, daß jemand vor ihrem Start heimlich ein Verwindungskabel verlängert hatte. Bei einer anderen Gelegenheit, sie war gerade zu einem Prüfungsflug gestartet, blieb plötzlich der Motor stehen. Sie mußte im Gleitflug notlanden. Es stellte sich heraus, daß jemand das Benzin bis auf einen geringen Rest abgelassen hatte. Damit war ihr zugleich die Flugprüfung verdorben.

Der Fluglehrer der Gruppe, der immerhin Mitverantwortung für die Sicherheit seiner Schüler wie auch für das Flugzeug trug, reagierte peinlich gelassen und nahezu desinteressiert. Sie könne das den Männern schließlich nicht verdenken, meinte er, denn wenn eine Frau fliege, nehme sie den Männern doch »den Nimbus«.[92]

Melli Beese traf nunmehr nach solchen Erfahrungen die Vorbereitungen für den nächsten Prüfungsflug in aller Stille, um neuerliche Schi-

Fluglehrer Hellmuth Hirth
über fliegende Frauen

»Eines schönen Tages rief mich Herr Rumpler in sein Bureau, um mich zu fragen, ob ich eine Schülerin, die schon über zwei Jahre lang bei anderen Firmen das Fliegen erlernen wollte, ausbilden würde. Ich warnte damals Herrn Rumpler, er hatte jedoch schon den Vertrag abgeschlossen, und ich war so gezwungen, diese Aufgabe zu übernehmen. Es reizte mich allerdings auch, die Dame auszubilden, der es bei verschiedenen Systemen bisher nicht möglich gewesen war, das Fliegen zu erlernen. Ich wollte ihr beweisen, wie leicht das Fliegen auf einer Taube sei. Nach vieler Mühe und Not, erschwert durch den Oppositionsgeist, der den Frauen angeboren sein muß, gelang es der Schülerin endlich, die Pilotenprüfung abzulegen. Doch wie in allen Berufen, die gelegentlich die Kräfte des Mannes erfordern, glaube ich nicht, daß auf den heutigen Flugzeugen die Frauen etwas Großes leisten werden. Die ganze Sache wird von ihnen lediglich als Sensation aufgefaßt und dient dem Publikum nur zur Belustigung. Es ist vielleicht für den Flugplatz sehr viel wert, etwas Derartiges zu besitzen, da das Publikum, wenn nicht geflogen wird, durch solche Frauen immerhin unterhalten wird.«

(Hirth, H.: 20 000 Kilometer im Luftmeer. Berlin 1913, S. 57)

Melli Beese im Pilotensitz einer Rumpler-»Taube«

kanen der um ihren »Nimbus« besorgten Herren zu umgehen. Sie wartete, bis Hirth wieder zu einer Flugveranstaltung unterwegs war, denn war der Fluglehrer fort, kam auch die Fluggruppe nicht in aller Frühe auf den Flugplatz. Vorsorglich hatte sie zwei unabhängige Sportzeugen gewonnen, rollte am 13. September 1911 gleich nach Sonnenaufgang einen Eindecker aus dem Rumpler-Schuppen, überprüfte ihn noch einmal, führte sicher die vorgeschriebenen Geradeaus-, Kurven- und Gleitflüge vor – und hatte damit ihre Flugprüfung bestanden. Es war ihr 25. Geburtstag, zu dem sie sich ihr wichtigstes Geschenk selbst bereitet hatte. Mit dem Flugzeugführerschein Nr. 115 wurde sie die erste deutsche Motorfliegerin. Diesmal hatte sie ihre männlichen Rivalen »ausgetrickst«. Als diese allmählich auf das Fluggelände kamen, war alles schon vorüber.

Allerdings stand sie schon bald vor der nächsten Schwierigkeit, denn sie hatte sich verpflichtet, reichlich zwei Wochen später in der »Nationalen Flugwoche« vom 24. September bis 1. Oktober 1911 in Johannisthal für die Rumpler-Firma an den Start zu gehen. Der Firmenchef wollte es so, denn die erste und einzige weibliche Wettbewerbsteilnehmerin, noch dazu auf einem Rumpler-Flugzeug, war ihm als Werbung für sein Unternehmen sehr willkommen. Doch sah er sich unerwartet einer Drohung seiner Werkpiloten Josef Suvelack und Hans Vollmoeller ausgesetzt, die ankündigten, daß sie bei der bevorstehenden Flugwoche nicht fliegen würden, wenn Melli Beese als Rumpler-Fliegerin an den Start ginge. Die beschämenden Männerintrigen gegen die Fliegerin wollten kein Ende nehmen.

Rumpler beugte sich. Und so kam es, daß die Männer der Rumpler-Mannschaft das ausgeschriebene Wettbewerbsprogramm trainierten, ihre Kollegin aber zuschauen mußte. Erst wenige Stunden vor dem Wettkampfbeginn, und zwar auf Drängen des Flugplatzdirektors, der Melli Beese im Programmheft bereits angekündigt hatte, erhielt sie einen »Tauben«-Eindecker älterer Bauart für wenigstens einige Probestarts. Aber

dann fragte sie herum, wer denn nun mit ihr fliegen würde, weil für den Wettbewerb die Mitnahme eines Passagiers verlangt wurde. Da stieß sie erneut auf Ablehnung.

Melli Beese erinnerte sich: »Natürlich hatten meine Konkurrenten nach Möglichkeit dafür gesorgt, allen etwa dazu Geneigten gehörige Angst vor meinen fliegerischen Fähigkeiten einzujagen – eine letzte Hoffnung, mir die Teilnahme an der Flugwoche vielleicht doch noch unmöglich zu machen.« Die Rettung kam dann von bekannten Fliegern, die nicht zur Rumpler-Mannschaft gehörten. Nacheinander stiegen Charles Boutard und Alfred Pietschker zu ihr ins Flugzeug. Und nachdem beide nach jeweils einem Flug »heil und unversehrt wieder aussteigen konnten, war das Eis gebrochen«. Ein junger Flugschüler stieg jetzt zu und war der Passagier an ihrem ersten Wettkampftag. Die »Berliner Zeitung« teilte mit: »Was das kleine Fräulein auf ihrer Rumpler-Taube leistet, könnte manchem ihrer männlichen Berufskollegen zur Ehre gereichen.«[93]

Das lasen diese Männer gar nicht gern, doch

Eintragung im Johannisthaler Hauptflugbuch »neuer Startplatz«
über den letzten gemeinsamen Flug Hellmuth Hirths mit Melli Beese, nachdem diese bereits
ihre Flugprüfung in seiner Abwesenheit bestanden hatte

war das Lob völlig berechtigt, denn als am Ende der Flugwoche abgerechnet wurde, hatte Melli Beese unter 24 Teilnehmern den fünften Platz belegt. Bei ihrem ersten Wettbewerb war sie sogleich in die Spitzengruppe der deutschen Motorflieger vorgestoßen.

Es kam aber noch besser. Zwei Tage später, am 26. September 1911, flog Melli Beese einen neuen Höhen- und Dauerflugweltrekord für weibliche Piloten mit Passagier, als sie eine Höhe von 825 Metern erreichte und zweieinhalb Stunden in der Luft blieb. Ihr Begleiter bei diesem Flug war kein geringerer als der Schweizer Robert Gsell, der in Frankreich an der Blériot-Flugschule das Fliegen erlernt hatte, seit dem 30. Mai 1911 im Besitz des französischen Flugzeugführerscheines und zur Zeit des Mitfluges als Werkpilot der »Dorner Flugzeug GmbH.« tätig war.[94] Als ausländischer Flieger hatte er an der vorausgegangenen »nationalen« Flugwoche nicht an den Start gehen dürfen, war aber aufmerksamer Zuschauer gewesen und konnte erleben, wie sich Melli Beese im Wettbewerb behauptete. So stellte er sich dann auch sogleich für ihren Rekordversuch zur Verfügung und begleitete sie, »die sympathische Bildhauerin«, wie er später schrieb, auf dem Fluggastsitz. Und er resümierte: »Sie kann tatsächlich fliegen und ist nicht nur gekommen, um photographiert zu werden. Anderntags kann ich mich als 'Zubehör' in den Zeitschriften verewigt sehen, denn ich habe es zum 'Damen-Welt-Höhen-und-Dauerrekord-Passagier' gebracht. Melly hat mich während zweieinhalb Stunden auf der Rumplertaube herumgeschwenkt und dabei 825 m Höhe erreicht.«[95]

Einer der ersten Gratulanten kam im Auto quer über den Flugplatz gefahren: Paul Engelhard, der Wright-Chefpilot von Johannisthal, der ein knappes Jahr zuvor ihre Ausbildung so ri-

goros abgelehnt hatte. Melli Beese hatte erreicht, wozu sie hergekommen war. Sie flog. Jedoch noch mehr – ihr Name stand jetzt in der Weltrekordliste und war in der Öffentlichkeit bekannt. Männliche Flugzeugführer begegneten ihr fortan mit Respekt oder gingen ihr voller Neid aus dem Wege.

Mit diesem Bild stellte die Johannisthaler Flugplatzgesellschaft die erste deutsche Motorfliegerin dem flugbegeisterten Berliner Publikum vor

Unmittelbar vor dem Start Melli Beeses zum Weltrekordflug mit ihrem Passagier,
dem Schweizer Robert Gsell (26. September 1911)

Nach den erlebten demütigenden Querelen trennte sie sich von der Rumpler-Mannschaft. An Flugwettbewerben nahm sie nicht mehr teil. Nun endlich wollte sie wirtschaftlich auf eigenen Füßen stehen und finanziell, auch vom Elternhaus, unabhängig sein. Zum Jahresbeginn 1912 eröffnete sie in Johannisthal ihr eigenes Luftfahrtunternehmen, die »Flugschule Melli Beese G.m.b.H.«, und führte dort, im Rückgriff auf ihre eigenen leidvollen Erfahrungen, eine streng geordnete und planmäßige Ausbildung ein.

Chefpilot ihrer Schule wurde der französische Flieger Charles Boutard, den sie ein Jahr später, am 25. Januar 1913, heiratete.

Die Anzahl der an ihrer Flugschule herangebildeten Piloten ist mitunter sehr niedrig angesetzt, oft aber auch übertrieben dargestellt worden. Es waren vom Januar 1912 bis zum April 1914 nicht mehr oder weniger als 16 Schüler, die ihre Ausbildung erfolgreich abschlossen. Durchweg Männer. Mehrere junge Frauen hatten sich ebenfalls als Schülerinnen eingetragen, aber aus

*Chefpilot der Melli-Beese-Flugschule – der Franzose
Charles Boutard*

*Kommerziell auf eigenen Füßen: Melli Beese
eröffnete ihre eigene Fliegerschule im Januar 1912*

Gründen, die sich nicht feststellen ließen, den Abschluß nicht erlangt. Mit durchschnittlich je einem Ausbildungsabschluß in zwei Monaten konnte sich das kleine Unternehmen durchaus über Wasser halten, zumal es in der gesamten Zeit nie zu Flugunfällen im Schulbetrieb kam und daher auch keine Verluste an Flugzeugen hingenommen werden mußten (selbst Flugzeuge waren damals nicht versicherbar). Um jedoch die Betriebsfinanzen für weiterreichende Pläne aufzubessern, bewarb sich die Flugschule um die Zuweisung von Schülern, die auf Kosten der »Nationalflugspende« ausgebildet werden sollten.

Diese »Nationalflugspende« war eine im April 1912 vom Prinzen Heinrich von Preußen mit einem »Aufruf an das deutsche Volk« ausgelöste Geldsammlung zur Förderung des Flugwesens im Lande, die binnen sechs Monaten 7 647 950,48 Mark erbracht hatte. Ein Teil dieser Mehrmillionensumme wurde für die Ausbildung potentieller Militärflugzeugführer an privaten Fliegerschulen verwendet, die sich dafür bewerben sollten. Für die erfolgreiche Ausbildung jedes dieser Schüler ist vom Kuratorium der »Nationalflugspende« eine Prämie in Höhe von 8000 Mark in Aussicht gestellt worden, »um der Fabrik einen angemessenen Gewinn zu sichern. Der Gewinn war um so größer, als jede Fabrik gleichzeitig fünf Schüler ausbilden durfte und somit sichere Anwartschaft auf 40 000 Mark erlangte.«[96] Damit war von vornherein klar, daß diese Gelder den Flugzeugfabriken über ihre Fliegerschulen zufließen sollten. Das konnte nicht verwundern, denn die Vertreter der Flugzeugindustrie sowie die ihnen nahestehenden Militärs hatten zahlreiche Sitze im Kuratorium. Deshalb hieß es auch einschränkend in den vorgegebenen Bedingungen, es kämen »reine Fliegerschulen ... für die Zuweisung von Schülern nicht in Frage«. Anderer-

Gut vorbereitet auf Winterflüge im offenen Eindecker:
Melli Beese in ihrem Winterpelz

seits war aber formuliert worden, zur Zulassung einer Fabrik werde lediglich der Nachweis verlangt, daß sie »drei Personen bis zur ersten Flugzeugführerprüfung auf im eigenen Betrieb hergestellten Flugzeugen ausgebildet hatte«.[97]

Letzteres konnte von Melli Beese ohne Schwierigkeiten nachgewiesen werden. In einem jüngst aufgefundenen Schriftsatz vom März 1913 teilte sie mit: »Im Januar 1912« (dies war der Zeitpunkt ihrer Betriebseröffnung) »kaufte die Flugschule Melli Beese ... eine Rumpler-Taube. Dieser Apparat wurde von genannter Firma in folgenden Teilen abgeändert und erneuert: Motoreneinbau, Fahrgestell, Haupttragfläche, Stabilisierungsfläche, Höhen- und Seitensteuer, sodass von dem ursprünglichen Rumpler-Apparat nur ein Teil des Rumpfes im Original erhalten blieb.« Und es »wurde vom 'Berliner Verein für Luftschiffahrt' offiziell anerkannt, daß die ursprüngliche Rumpler-Taube mit ihren nunmehrigen Abänderungen als ein Fabrikat der Flugschule Melli Beese zu betrachten sei«. Diese Feststellungen sind vom damaligen Vorsitzenden des Flug-

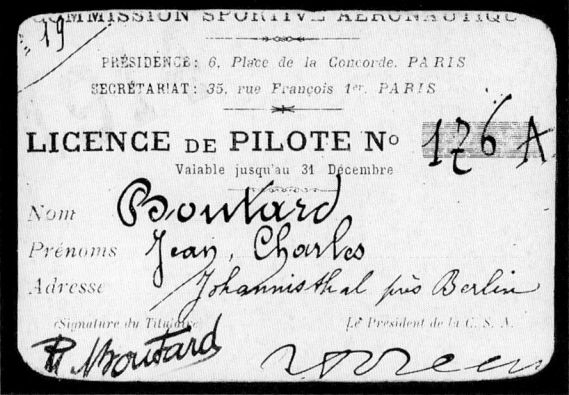

Charles Boutards französischer und deutscher Flugzeugführerschein

Technische Unterweisung von Flugschülern an der Melli-Beese-Flugschule

ausschusses des »Berliner Vereins für Luftschiffahrt« unterschriftlich bestätigt worden.[98] Daraufhin wurden mehrere dieser Flugzeuge mit weiteren Verbesserungen im Detail gebaut und als »M. B.-Tauben« (Melli-Beese-Tauben) für Schulungszwecke verwendet. So konnte Melli Beese diese Flugzeuge als Eigenfabrikate ebenso vorweisen wie namentlich mehrere darauf ausgebildete Flieger (die geforderten drei Ausbildungsabschlüsse sind bereits am 9. September 1912 erreicht worden). Doch konnte sie Nachweise, Bescheinigungen und Gutachten beibringen, so viel und so lange sie wollte, und sie konnte Ein-

sprüche oder Proteste geltend machen, an der hartnäckigen Weigerung des Kuratoriums, ihre Schule für die Ausbildung von Piloten auf Kosten der Volksspendenmittel zuzulassen, änderte das nichts. Selbst mehrere Anwärter aus Berlin und Magdeburg, die sich bei ihr direkt als »Nationalflugspenden-Schüler« beworben hatten, sind vom Kuratorium strikt abgelehnt worden.

Als Fliegerin hatte sie sich gegen die Männerdomäne durchzusetzen vermocht. Als Besitzerin eines kleinen Flugzeugbaubetriebes und einer Fliegerschule lief sie gegen die geschlossene Schlachtfeldformation der männlichen Luft-

Frischgetraut – das Ehepaar Beese-Boutard (25. Januar 1913)

Das Fliegerehepaar Beese-Boutard auf einer zeitgenössischen Postkarte

Die Fluglehrer Beese und Boutard inmitten von Flugschülern (Aufnahme vom 8. März 1913)

fahrtunternehmer und deren Lobby in Militärkreisen vergeblich an.

Bemerkenswerte Ergebnisse hatte Melli Beese als Flugtechnikerin erzielt. Sie finden sich in zwei Patentschriften. Im ersten, dem Patent für »Zerlegbares Flugzeug« (Patentnr.: 278 879; zuerkannt ab 24. November 1912), schlug sie eine Lösung für das Anklappen von Eindecker-Tragflächen und des Brückenträgerholmes für die transportgünstige Verringerung der Höhen- und Breitenabmessungen vor. Und im zweiten Patent, »Wasserflugzeug« (Patentnr.: 290 072; zu-

erkannt ab 27. August 1913), konzipierte sie einen doppelwandigen Bootsrumpf («zwei ineinander angeordnete Boote«) für einen Wasserflugzeug-Doppeldecker mit entsprechenden Verstrebungen und Verbindungen zwischen Bootsrumpf und Tragflächen, wobei der untere Tragflügel beidseitig direkt an die obere Bootskörperkante angeschmiegt war.

Danach ist tatsächlich mit dem Bau eines »Melli-Beese-Flugbootes« begonnen worden. Das war allerdings in den beiden Flugzeugschuppen der Beese-Flugschule am »alten Startplatz« des Johannisthaler Flugplatzes nicht zu bewerkstelligen. Den Auftrag für den Bau des Bootsrumpfes erhielt die »Jachtwerft Max Oertz« in Neuhof-Reiherstieg bei Hamburg. Für den Tragflächenbau und die Montage des Flugbootes mietete Melli Beese in der Jahnstraße (Berlin-Neukölln) einen Fabrikraum von ca. 220 m² Flächengröße. Da sie dort, eigenen Angaben zufolge,[99] auch den Bau weiterer »M. B.-Tauben« sowie »den Bau von einsitzigen Sportmaschinen« plante, kann dieser Schritt als Beleg dafür angesehen werden, daß sie sich jetzt auf den Weg begab, vom Werkstattbau zu einer kleinen Flug-

Melli Beese-Boutard am Konstruktionszeichentisch

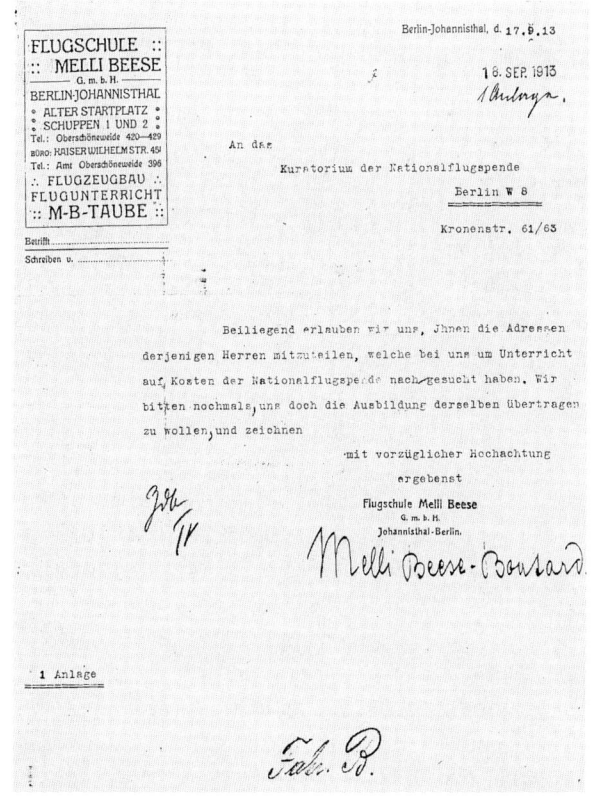

Aus dem Schriftverkehr der Flugschulleiterin Melli Beese-Boutard mit dem Kuratorium der »Nationalflugspende«

zeugfabrik überzugehen und den Kampf gegen die ihr unfreundlich gesinnte Phalanx der Flugzeugindustriellen aufzunehmen.

Der Respekt, den ihre kämpferische Entschlossenheit verdient, wird keineswegs dadurch gemindert, daß Diplomingenieur Hermann Dorner, damals ein bekannter Johannisthaler Flugzeugkonstrukteur, Lehrer an der »Luftfahrerschule Berlin-Adlershof« und mit Melli Beese befreundet, die Konstruktionspläne für das Flugboot hergestellt und mit großer Wahrscheinlichkeit auch an der Patentschrift Melli Beeses für

An Melli Beeses Flugschule zu Motorfliegern ausgebildet				
Lfd.Nr.	Name	Geburtsjahr/-ort	Lizenz-Nr.	Ausst.datum
1	Boutard, Jean Charles	1884/Paris (Frankreich)	176	04.04.1912
2	Siewert, Lothar	1887/Berlin	264	30.07.1912
3	Seydler, Frank	1886/Pucknow	286	09.09.1912
4	Ballod, Otto	1889/Riga (Lettland)	408	20.05.1913
5	Ziegler, Albert	1888/Feketehalom (Ungarn)	472	02.08.1913
6	Rheinländer, Franz	1891/Berlin	487	20.08.1913
7	Frankl, Wilhelm	1893/Hamburg	490	20.08.1913
8	Liedloff, Kurt Otto	1891/Chemnitz	505	06.09.1913
9	v. Hahn, Eugen	1892/Bachtschisarai (Rußland)	510	11.09.1913
10	Nestler, Gustav	1892/Lahr	527	20.09.1913
11	Grohnwald, Hans	1886/Berlin	660	09.02.1914
12	Bill, Heinrich	1895/Nauheim	703	20.03.1914
13	Geßner, Hans	1893/Berlin	711	30.03.1914
14	Voigt, Thomas	1895/Memmingen	729	19.04.1914
15	Briesemeister, Hans	1879/Berlin	730	20.04.1914
16	Thiele, Friedrich	1896/Köln	765	18.05.1914

ein »Wasserflugzeug« hilfreich mitgewirkt hat. Dies war in luftfahrthistorischer Literatur längere Zeit umstritten.[100]

Im Jahre 1914, als der Bau des Flugbootes begonnen hatte, veröffentlichte die angesehene »Zeitschrift für Flugtechnik und Motorluftschiffahrt« eine detaillierte Beschreibung aus der Feder Hermann Dorners zu einem von ihm entwickelten Flugboot, von dem er schrieb, daß es »von der *Melli Beese – Flugschule* nach meinen Plänen ausgeführt wird«.[101]

Diesem informativen Artikel war eine Konstruktionszeichnung beigefügt, die den Doppeldecker einschließlich der im Beese-Patent dargestellten Boot-in-Boot-Lösung für den Bootsrumpf zeigt. Wenn bedacht wird, daß das Beese-«Wasserflugzeug»-Patent zwar – patentrechtlich – ab dem 27. August 1913 als geschützt galt, aber erst sechs Jahre später («ausgegeben am 8. November 1919») öffentlich zugänglich war, Dorner demnach über detaillierte Patentschriftkenntnisse schon im Jahre 1914 nur verfügen konnte, wenn er selbst, in welchem Umfange auch immer, daran mitgewirkt hatte, dann ist sein Anteil nicht zu übersehen: Er hat Melli Beeses flugtechnische Ideen und Bemühungen tatkräftig unterstützt, als einer der sehr wenigen Männer, die dies damals selbstlos taten. Das ist für die Persönlichkeitshaltung Hermann Dorners um so bemerkenswerter, als Melli Beese infolge ihrer Ehe mit Charles Boutard selbst als Ausländerin galt und angesichts der immer stärker werdenden nationalistischen Stimmungen im Deutschland der Jahre 1913/14 zunehmenden Behinderungen von verschiedenen Seiten ausgesetzt war.

Vom 1. bis 10. August 1914 sollte der »Ostseeflug Warnemünde 1914« stattfinden. Mit Datum vom 20. Juni 1914 lagen der Geschäftsstelle des Ostseeflug-Wettbewerbes insgesamt 24 Teilnahmemeldungen vor, darunter das Zweidecker-Flugboot von Melli Beese mit einem 95-PS-Daimler-Motor. Als Flugzeugführer war Charles Boutard gemeldet worden.[102] Am Ende des Monats Juli 1914 tauchten Zeitungsmeldungen auf, wonach das »grellweiße 'Fliegende Boot' von Melli Beese« in Warnemünde eingetroffen sei und dort wassere. Diese Nachricht gelangte dann auch in frühere luftfahrtgeschichtliche Betrachtungen. Jedoch haben Tiefenprüfungen ergeben, daß diese Pressemeldungen unrichtig waren und die Absicht an die Stelle der Wirklichkeit gesetzt hatten, denn das gemeldete Flugboot ist nicht rechtzeitig fertiggestellt worden – abgesehen davon, daß der geplante Starttag mit dem Beginn des ersten Weltkrieges zusammenfiel und der Wettbewerb deshalb ohnehin nicht zustande kam.

Melli Beese schrieb später darüber und über die folgenden Jahre: »Der Kriegsausbruch überraschte uns in der heißesten Arbeit zur Fertigstellung dieses Bootes, das zum internationalen nordischen Rundflug genannt war und von uns geflogen werden sollte, am 1. August 1914 in Warnemünde beginnend. Aber ... am 1. August 1914 waren mein Mann und ich bereits als feindliche Ausländer verhaftet. Unser Betrieb wurde geschlossen und mein Mann nach wiederholter Gefängnishaft, zu der er regelmäßig um Mitternacht aus dem Bett gerissen wurde, in Holzmin-

den interniert. Die dortige unmenschliche Behandlung ließ ihn schwer erkranken, so daß er lange Monate in der Klinik verbringen mußte. Inzwischen setzten die Behörden auch unsere wirtschaftliche Zerstörung fort. Unsere neuen Typen wurden vernichtet und von der Bevölkerung als Brennholz verwendet. Andere Maschinen, Werkzeuge und Material wurden uns genommen, ebenso Automobil usw., und zuletzt unser ganzes, sehr kostbares Heim, während mein Mann und ich zusammen, ohne Rücksicht auf unsere schwer zerrüttete Gesundheit ... abtransportiert und in der Prignitz interniert wurden. Hier begann eine Hölle kleinlichster Nadelstichpolitik, u. a. mußten wir viele Wochen ohne Nahrung bleiben und nur von dem leben, was uns mitleidige Bauern heimlich für horrende Preise abließen, weil die Gemeindeverwaltung alle Einwohner mit Gefängnis bedrohte, die feindliche Ausländer durch Obdach und Nahrungsabgabe unterstützten –, obwohl ihr genau bekannt war, daß wir zur Selbstverpflegung gezwungen wurden! Unsere Wohnung bei einer Pastorswitwe mußten wir auf Verlangen des Gymnasialdirektors verlassen, der der Frau mit Entziehung ihrer Schülerpensionäre drohte, und zu einer Bäuerin mit schwer tuberkulöser Tochter ziehen. Unsere Proteste und das Verlangen, eine für unsere stark geschwächte Gesundheit weniger gefährliche Unterkunft zu erhalten, blieben monatelang unbeantwortet –, bis sich bei meinem Mann doppelseitige Lungentuberkulose, als vom dortigen Arzt nachweisbar festgestellte Folge der Infektion auswies. Auch dann mußten wir noch dort bleiben – die Tochter der Bäuerin starb inzwischen an Tuberkulose –, und erst die Revolution befreite uns aus dieser Qual. Wir standen jedoch vor einem zertrümmerten Leben, krank, aller eigenen Mittel und Besitztümer beraubt – man hat

*Zeichnerische Darstellung des Melli-Beese-Flugbootes, für dessen Bau
der Johannisthaler Flugtechniker Hermann Dorner Konstruktionshilfe geleistet hat*

uns buchstäblich zugrunde gehetzt. Deutschlands Dank für unsere im Dienste des Flugwesens geopferten gesunden Glieder – auch mein Mann hatte sich 1911 ein zerschmettertes Bein geholt – und beträchtlichen pekuniären Mittel, die – wie jeder Konstrukteur der Vorkriegszeit weiß – die 'Eroberung der Luft' ihren Pionieren abverlangte.«[103]

Den Flugplatz Johannisthal hatte die erste deutsche Motorfliegerin seit dem Kriegsbeginn nicht mehr betreten dürfen. Ihr Flugplatzausweis wurde eingezogen, ihre Flugschule als ausländischer Besitz auf militärischem Gelände angesehen (und zwar als Besitz von Ausländern ausgerechnet aus Frankreich, mit dem man sich, die Generalitäten hatten es so gewollt, im Kriegszustand befand), daher als enteignet behandelt. Der

Ort in der Prignitz, über den Melli Beese geschrieben hatte, war Wittstock an der Dosse. Als sie gemeinsam mit ihrem Mann nach Berlin zurückkehrte, mitten in die Ereignisse der Novemberrevolution hinein, fanden sie Reste der Flugzeugschuppen ihrer einstigen Fliegerschule zwischen halbfertigen und halbzerstörten Militärflugzeugen. Das Gelände war jetzt ein Flugzeugfriedhof. An die Wiederaufnahme des Sportmotorfluges war vorerst nicht zu denken. Es gab andere Sorgen in der Nachkriegszeit in dem Lande, in dem das kriegsmüde Volk gerade seinen Kaiser fortgejagt hatte. Trotzdem – als in Johannisthal der deutsche Linienflugverkehr begann, ab dem 5. Februar 1919 zunächst mit der Flugverbindung zwischen Berlin und dem Tagungsort der nach Weimar einberufenen Nationalversammlung, versuchte Melli Beese, auch das Sportfliegen wieder anzuregen und für Johannisthal, anknüpfend an die Blütezeit, einen neuen Anfang zu initiieren. Doch blieb es beim Versuch. Im Jahre 1921 verfaßte sie, wehmütig, den mehrteiligen Aufsatz »Unser Flugplatz – in memoriam«,[104] in dem sie ihre Erinnerungen an die Pionierjahre beschrieb. Er begann mit den bewegenden Worten: »Ich will Euch ein Denkmal setzen, Ihr tapferen ersten Flieger und Schöpfer deutscher Flugtechnik. Seite an Seite sind wir durch schwere, köstlich schöne Jahre geschritten, haben Hand in Hand auf einsamstem Vorposten gekämpft, als gute, treue Kameraden, und miteinander gedacht und geschaffen, gelacht und, öfter noch, gelitten. Bis wir so manchem von Euch, dem einen nach dem anderen, den letzten Liebesdienst erwiesen und ihn als stillen Schläfer für immer aus unserer Mitte getragen haben ...«[105]

Nach dem ersten Weltkrieg wieder in Johannisthal:
Melli Beese und Charles Boutard planten einen gemeinsamen Weltflug

Nr. 14.

Berlin-Schmargendorf, am 23. Dezember 1925.

~~Vor dem unterzeichneten Standesbeamten erschien heute, der Persönlichkeit nach~~ _____

_____ ~~bekannt.~~

Das Polizeiamt Wilmersdorf, Kriminal-Abteilung Berlin-Schmargendorf, ~~fort-wohnhaft in~~ mitgeteilt, ~~und zeigte an,~~ daß die Fliegerin Amalia Beese = Boutard, geborene Reese, _____

_____ 39 Jahre alt, _____

wohnhaft in Berlin-Schmargendorf, Friedrichsruher Straße 30,

geboren zu Laubegast in Sachsen, verheiratet mit dem Ingenieur Charles Boutard, wohnhaft in Johannis-thal, Hubennuchstraße 17,

zu Berlin-Schmargendorf, Friedrichsruher Straße 30,

am einundzwanzigsten Dezember

des Jahres tausend neunhundert fünfundzwanzig

_____ nachmittags um vier drei viertel _____ Uhr

verstorben sei. _____

_____

~~Vorgelesen, genehmigt und~~ _____

Vorstehend 18 Druckworte gestrichen. _____

Der Standesbeamte.

Mudrich

Amtsvermerk über Melli Beeses Tod

Melli Beeses Grabstelle in Berlin-Schmargendorf

In jenem Jahre 1921 plante das Ehepaar Bee-se-Boutard einen weltweiten Flug. Von einem Etappenflug um die Erde war die Rede. Das Vor-haben war kühn, und eine Filmgesellschaft hat-te gar bereits mit Probeaufnahmen begonnen, doch es scheiterte letztendlich an fehlenden Fi-nanzierungsmöglichkeiten. Zwar hatte Melli Beese das Deutsche Reich auf Schadenersatz und Entschädigung des zugefügten Unrechts in den Kriegsjahren verklagt, aber das Verfahren schleppte sich dahin. Und Sponsoren fanden sich nicht. So versuchten beide, sich auf andere Wei-

Stele in der Melli-Beese-Gedenkanlage in Berlin-Halensee

se durchzuschlagen. Melli Beese führte auf einem Ausstellungsgelände am Berliner Kaiserdamm Motorräder vor; es war eine Gelegenheitsarbeit für 20 Mark pro Tag. Charles Boutard hatte seine Flugzeugführererlaubnis auf einem modernen Sportmotorflugzeug erneuert, aber seine Hoffnung, eine Anstellung als Flugzeugführer oder Fluglehrer zu finden, erfüllte sich nicht. Er erwarb ein Automobil und gründete damit ein Einmann-Taxiunternehmen, mit dem er vornehmlich am Bahnhof Schöneweide, unweit des Flugplatzes Johannisthal, Fahrgäste aufnahm.

Zeitungsmeldung zum Freitod Melli Beeses

Charles Boutard in seinem Taxi am Bahnhof Schöneweide
(er blieb in Johannisthal bis zu seinem Tode)

Zwei Jahre später, 1923, hatte das Ehepaar den Entschädigungsprozeß endlich gewonnen, nachdem – der französischen Staatsbürgerschaft wegen – ein Schiedsgericht in Paris eingeschaltet worden war. Doch brachte das zu diesem Zeitpunkt keinerlei praktischen Nutzen mehr. Die existenzverwüstende Inflation befand sich in jenem Jahre in Deutschland auf ihrem Höhepunkt. Der eingeklagte Betrag in der Landeswährung war nichts mehr wert und reichte kaum für die Begleichung aufgelaufener Schulden. Es war das Jahr, in dem bittere Enttäuschung und Resignation in Melli Beeses Leben begann. Noch einmal bäumte sie sich auf und versuchte einen neuen Einstieg in den Motorflug. Im Jahre 1925 trennte sie sich – räumlich – von ihrem Mann, zog von Berlin-Johannisthal nach Berlin-Schmargendorf und fuhr täglich zum Flugplatz Staaken zur Umschulung. Ihre Flugzeugführererlaubnis aus dem Jahre 1911 hatte nur noch Erinnerungswert, denn es gab modernere Flugzeuge und neue Prüfungsbestimmungen. Mit derweil 39 Jahren war sie die Älteste unter den Staakener Flugschülern. Im Oktober 1925 startete sie zum ersten Alleinflug auf einem kleinen, schnellen Doppeldecker – und landete ihn zu Bruch. Dann gab sie auf, ihr Kampfeswille war erschöpft. Wenige Wochen später, knapp vor dem Weihnachtsfest, entschloß sie sich zum Freitod. Zeitungen gaben ihr Todesdatum mit dem 22. Dezember 1925 an, und so wurde das Datum auch in spätere luftfahrtgeschichtliche Publikationen übernommen. Polizeiamtlich ist ihr Ableben aber am 21. Dezember mitgeteilt und standesamtlich fixiert worden. Dieses Datum steht auch auf ihrem Grabstein in Berlin-Schmargendorf, wo sie von Charles Boutard beigesetzt worden ist. Dieser blieb in Johannisthal. Er starb am 26. Januar 1952.

Bozena Laglerova

Die zweite deutsche Flugzeugführerin war Bozena Laglerova. Sie kam aus Prag, wo sie am 11. Dezember 1888 geboren wurde.[106] Über sie ist nur wenig zu ermitteln gewesen. Damals gehörte ihre Geburtsstadt zu Österreich-Ungarn; ab dem Jahre 1918 zur selbständigen Tschechoslowakei.

Bozene Laglerova, in Deutschland unter dem Namen Lagler bekannt und eingetragen, war Hans Grades erste Flugschülerin in Bork. Sie begann dort ihre Ausbildung etwa im Frühjahr 1911. Bald darauf erschien die Pressenachricht: »Die Flugschülerin Frl. Bozena Lagler – Prag – flog sehr hübsch auf ihrem Grade-Eindecker, stürzte jedoch nach einem Fluge von 15 Minuten aus einer Höhe von etwa 15 Mtr. beim Nehmen einer Rechtskurve ab, wobei der Apparat schwer beschädigt wurde. Frl. Lagler selbst erlitt keine äußeren Verletzungen, jedoch konstatierten die Ärzte innere Quetschungen, so daß die Fliegerin nach ihrer Heimat transportiert werden muß, um dort geheilt zu werden.«

Aber schon im Juli 1911 war sie wieder zur Stelle, denn es war zu lesen, sie habe »sich von ihrem Sturz erholt und ist nach Bork zurückgekehrt, um dort in den nächsten Tagen ihre Prüfung zu bestehen. Die Verletzungen bei dem Sturz vor einigen Wochen bestanden unter anderem auch in einer Verletzung des Rückenmarkes, doch ist Fräulein Lagler jetzt wieder völlig gesund.«[107]

Nach ihrer Flugprüfung erhielt sie am 19. Oktober 1911 den deutschen Flugzeugführerschein Nr. 125 ausgestellt. In diesem Zusammenhang ist zweierlei bemerkenswert. Wäre sie nicht bei einem ihrer Schulflüge verunglückt, weshalb sie bis zu ihrer Genesung pausieren mußte, wäre sie gar, vor Melli Beese, die erste deutsche Motorfliegerin geworden. Und zweitens: Bereits am 10. Oktober 1911 erhielt sie den österreichischen Flug-

Bozena Laglerova – erste österreichische und zweite deutsche Motorflugzeugführerin

*Die Fliegerin Laglerova vor einem Start
im Grade-Eindecker*

*Fräulein Laglerova vor einem Grade-Flugzeug
in Bork*

zeugführerschein Nr. 37 zuerkannt und war damit die erste österreichische Motorfliegerin.[108]
Das kann nur damit erklärt werden, daß die Folgen ihres Unfalls in Bork weitaus weniger schwer
gewesen sind, als angenommen worden war, und
sie ihren Aufenthalt in der Heimat unter anderem dazu benutzt hat, auch dort eine Flugprüfung abzulegen. Demnach wäre sie nur deshalb

wieder nach Bork gereist, um die Ausbildung, die
sie bezahlt hatte, ordentlich zu beenden und damit zugleich den deutschen Flugzeugführerschein zu erhalten (den sie allerdings, da sie inzwischen einen österreichischen besaß, auch
durch bloße Umschreibung hätte erlangen können).

So nahm sie ihren zweiten Flugzeugführerschein entgegen und fuhr wieder zurück nach Prag. Schon bald aber wurde dies gemeldet: »Leider hat Fräulein Lagler am 24. Oktober in Klandor« (gemeint ist offenbar Kladno; d. Verf.) »bei Prag einen sehr schweren Unfall erlitten. Sie stürzte aus 1500 m ab und mußte mit lebensgefährlichen Verletzungen ins Krankenhaus nach Prag transportiert werden.«[109] Da seitdem nichts mehr über sie zu erfahren war, kann, in der nachträglichen Hoffnung, daß sie diesen schweren Absturz überlebt hat, ihr Rückzug aus der Fliegerei vermutet werden.

Jewgenia Michailowna Schachowskaja

Auch die dritte in Deutschland lizensierte Flugzeugführerin war keine Deutsche, denn sie kam aus Rußland: Jewgenia Michailowna Schachowskaja. In der Literatur findet sich statt des Vornamens Jewgenia auch Jekaterina. Sie erhielt ihren deutschen Flugzeugführerschein Nr. 274 am 16. August 1912. In der Flugzeugführerliste des »Deutschen Luftfahrer-Verbandes« (DLV) findet sich ihr Name als Eugénie Schachowskoy eingetragen. Und zwar mit dem Vermerk »Durchlaucht«.[110] Völlig zutreffend, denn sie wurde am

Авіаторъ кн. Е. М. Шаховская.

Княжна Е. М. Шаховская 23 іюня въ Іоганисталѣ сдала экзаменъ на званіе пилота на аэропланѣ Райта. Въ Россіи кн. Е. М. Шаховская летала въ прошломъ году съ авіаторомъ Лебедевымъ. Недавно въ Петербургѣ совершила полетъ съ В. М. Абрамовичемъ.

(Gedruckter Text)

»Flugzeugführer
Fürstin Je. M. Schachowskaja.

Die Fürstin Je. M. Schachowskaja legte am 23. Juni in Johannisthal die Pilotenprüfung auf einem Wright-Flugzeug ab. Die russische Fürstin Je. M. Schachowskaja flog im vorangegangenen Jahr mit dem Flugzeugführer Lebedew. Unlängst vollbrachte sie einen Flug mit W. M. Abramowitsch.«

(Handschriftlicher Text)

"Nur vorwärts und höher - der aufgehenden Sonne entgegen ..."

(Unterschrift)

(Aus der russischen Zeitschrift "Schwerer als Luft", Nr. 11/1912, S. 11)

Abramowitsch (Mitte) und Schachowskaja auf dem Flugplatz Gatschina bei St. Petersburg (1912)

5. September 1889 (nach dem alten russischen Kalender am 18. September) in St. Petersburg als Tochter einer Adelsfamilie geboren. Das adäquate Prädikat einer Fürstin fand sie also in der Wiege vor.

Als sich im Jahre 1910 die damalige Hauptstadt des russischen Zarenreiches, St. Petersburg, beginnend mit der »I. Russischen Flugwoche« zum Zentrum des Motorfluges in Rußland zu entwickeln begann, kamen namhafte Flieger aus verschiedenen Ländern, die zu den Wettbewerben eingeladen worden waren. Wie bereits an anderer Stelle mitgeteilt, befand sich unter den Repräsentanten des französischen Motorfluges auch die welterste Flugzeugführerin, Raymonde de Laroche. Ihr erfolgreicher Auftritt in St. Petersburg hatte mehrere russische Frauen angeregt, sich ebenfalls aktiv der Fliegerei zuzuwenden. Zu ihnen gehörte die junge Fürstin Schachowskaja. Es mochte ihren Entschluß gefördert haben, daß auch die französische Fliegerin einen Adelstitel trug, denn diese wurde als Baronin de Laroche präsentiert.

Da sich sogleich nach der Flugwoche auf dem Flugplatz Gatschina bei St. Petersburg erste russische Fliegerschulen etablierten, begann Jewgenia Schachowskaja dort mit ihrer Ausbildung. Ihre Fluglehrer waren die Piloten Jefimow und Jewsjukow, die ihr zu der fliegerischen Befähigung verhalfen, mit der sie dann auch »das Examen als Pilot-Aviateur« bestand. So wurde sie zwar nicht die erste russische Fliegerin, wie noch zu sehen sein wird, aber sie gehörte zu den ersten Russinnen, die die offizielle Berufsbezeichnung »Ljotschika« (Fliegerin) trugen.[111]

Ihre unmittelbare Beziehung zum deutschen Motorflug hat seinerzeit der russische Chefpilot der deutschen »Flugmaschine Wright GmbH.«, Wsewolod Michailowitsch Abramowitsch

Die Russin Schachowskaja als deutsche Pilotin an einem Wright-Doppeldecker in Johannisthal

(Nachfolger Paul Engelhards in der Wright-Gesellschaft), hergestellt. In den frühen Morgenstunden des 14. Juli 1912 war er, mit Karl Hackstetter als Navigator an seiner Seite, auf dem Flugplatz Johannisthal zum Erstflug von Berlin nach St. Petersburg gestartet. Nach für heutige Flugverhältnisse unvorstellbaren Schwierigkeiten – vor allem technischen Defekten und dadurch ausgelösten abenteuerlichen Notzwischenlandungen – trafen sie auf dem Luftwege am 6. August 1912 auf dem Flugplatz Gatschina bei St. Petersburg ein. Für rund 1600 Flugkilometer hatten sie 24 Tage gebraucht, davon allerdings nur zwölf Flugtage mit einer reinen Flugzeit von 19,5 Stunden.[112]

Am Zielort unternahm Abramowitsch wiederholt Vorführungs- und Passagierflüge vor einer jeweils großen Zuschauermenge. Dabei lernte er eines Tages Jewgenia Schachowskaja kennen, als sie an einem seiner Flüge auf dem Passagiersitz teilnahm. Er lud sie nach Berlin-Johannisthal ein, dort unterwies er sie in das Steuern des Wright-Doppeldeckers, sie flog ihre Prü-

fungsrunden auf diesem Flugzeug und erhielt daraufhin, wie erwähnt, am 16. August 1912 den deutschen Flugzeugführerschein.

Mit dieser zusätzlichen Qualifikation reiste sie vorerst nach St. Petersburg zurück und unternahm mit jenem Wright-Doppeldecker, den das Gespann Abramowitsch-Hackstetter dorthin überflogen und im Auftrage der Wright-Gesellschaft an die russische Militärverwaltung verkauft hatte, mehrere Flüge, die der Werbung für das Flugzeugmuster dienen sollten und in der örtlichen Presse ein begeistertes Echo fanden. Am 17. Oktober 1912 meldete die russische Zeitung »Kronstädter Bote«: »Täglich werden von der jun-

Post aus Bulgarien an die Fürstin Schachowskaja

84

Zeitgenössische Postkarte:
Jewgenia Schachowskaja am Steuer, Wsewolod Abramowitsch als Passagier – die Rollenverteilung
am Tage ihres gemeinsamen Absturzes

gen Fliegerin Schachowskaja auf dem Korps-Flugplatz Flüge durchgeführt. Gestern zeigte sie ihren Wright-Doppeldecker vor den Schülerinnen eines Mädchengymnasiums. Sie flog mit Passagieren und allein. Sie vollführte einen Flug mit einer Schülerin des Gymnasiums namens Bogdanowa ...«

Und die Zeitung »Petersburger Blättchen« teilte ein paar Tage später mit: »Gestern, am 28. Oktober, ungeachtet des hohen Schnees und des kräftigen Windes, vollführte die Fliegerin Schachowskaja auf dem Korps-Flugplatz zwei erfolg-

reiche Flüge mit Passagieren. Der zweite Flug verlief in 100 m Höhe. Dabei platzte die Benzinleitung und der Motor blieb stehen. Die Schachowskaja verlor aber nicht ihre Besonnenheit und zeigte einen wunderbaren Gleitflug. Mit diesen Flügen beendete sie ihre 'Luftspaziergänge' in Petersburg. In wenigen Tagen fährt sie ins Ausland.« Nach Deutschland nämlich, zurück zu ihrem intimen Freund Abramowitsch nach Johannisthal.

Am 24. April 1913 kam es dort zu einem tragischen Unfall. Schachowskaja und Abramowitsch waren, wie schon oft, gemeinsam im Flugzeug aufgestiegen. Es war am frühen Morgen um 6.45 Uhr. Die Pilotin saß am Steuer, Abramowitsch war ihr Passagier. In der Höhe, ganz unerwartet, verliert die Fliegerin die Gewalt über das Flugzeug. »Der Apparat beginnt in der Längsrichtung stark zu schwanken, und der Fürstin gelingt es nicht mehr, den Doppeldecker, der nur ein Steuer besitzt, wieder ins Gleichgewicht zu bringen. So muß Abramowitsch untätig zusehen, wie der Apparat sich immer mehr neigt und der Erde zustürzt. Die Verunglückten werden aus den Trümmern hervorgezogen. Abramowitsch wird schwer verletzt ins Krankenhaus gebracht, wo er am folgenden Tage, erst dreiundzwanzig Jahre alt, stirbt. Als die Fürstin, die sich wunderbarerweise nur leicht verletzt hat, die Todesnachricht empfängt, kann sie nur mit Mühe vom Selbstmord zurückgehalten werden.«[113]

Die überaus starke Anteilnahme der Johannisthaler Flieger und der Berliner Öffentlichkeit am Tode des beliebten Piloten hat den Schmerz der russischen Flieger-Fürstin um den Verlust wohl nicht gelindert, sondern eher verstärkt. Das »Berliner Tageblatt« schrieb am 25. April 1913: »Wsewolod Michailowitsch Abramowitsch ist nicht mehr. In dem Russen hat die deutsche Aviatik einen ihrer tüchtigsten Vertreter verloren. Die deutsche! Denn er gehörte – als Flieger – uns.

« Jewgenia Schachowskaja ist seit jenem Unglückstag nicht mehr geflogen.

Charlotte Möhring

Die zweite Flugzeugführerin aus Deutschland und vierte Fliegerin mit einem deutschen Flugzeugführerschein – ausgestellt am 7. September 1912 mit der Nummer 285 – war Charlotte Möhring. Sie kam aus Berlin-Pankow und wurde im Jahre 1912 eine der Flugschülerinnen von Hans Grade in Bork.

Nach ihrem Ausbildungsabschluß suchte Charlotte Möhring eine Anstellung als Berufsfliegerin – und fand sie als Chefpilotin der kleinen Flugschule in Mainz-Gonsenheim, deren Besitzer der Fluglehrer Curt v. Stoephasius war. Die Flugschule wird wenig Zulauf gehabt haben, denn v. Stoephasius erfüllte Flugaufträge aller Art, darunter auch Überführungsflüge. Im Mai 1913 hatte er es übernommen, einen Rumpler-Eindecker von Johannisthal zum Militärflugplatz Döberitz zu fliegen und dort abzuliefern. Dazu nahm er Charlotte Möhring als Begleiterin mit. Sie hat diesen Flug mit ihren Eindrücken beschrieben, die von besonderem Reiz sind, weil sie aus der Sicht einer Frau einen Einblick in das damalige Fliegermilieu vermitteln und außerdem erkennen lassen, wie stark sie dieses Flugerlebnis – erstmals in einer Rumpler-Taube mit starkem Triebwerk – emotional aufgenommen hat. Solche gefühlsbetone Schilderung fand sich in keinem »Männerbericht«.

»Am 10. Mai d. J.« (1913) »wurde ich schon um 5 Uhr aus tiefem Schlaf geweckt. Ich hatte die vorhergehende Nacht auf der Eisenbahn verbracht, so daß ich in dem ruhigen Gasthause den verlorenen Schlaf wieder einholen wollte. Zuerst war ich ungehalten über diese vorzeitige Störung, da ich mich im Halbschlafe nicht mehr einer Vereinbarung erinnerte, die ich am vorhergehenden Abend mit Herrn Curt von Stoephasius getroffen hatte. Herr v. Stoephasius ... hatte nämlich eine neue Rumpler-Taube mit 100 PS Mercedes-Motor an die preußische Heeresverwaltung abzuliefern. Wir hatten verabredet, daß ich als Fluggast bei günstiger Witterung mit nach Döberitz fliegen sollte. Ich entsann mich also, als durch mehrmaliges heftiges Klopfen alle meine Lebensgeister zusammengetrommelt waren, dieser wichtigen Verabredung und beeilte mich mit meiner

Im Kreise von Grade-Flugschülern in Bork: Charlotte Möhring (Dritte v. r.)

Toilette, da das vor dem Hause stehende Auto durch fortwährendes Hupen zur Eile mahnte. Schnell eine Tasse Kakao, ein Brötchen, ins Auto und mit dritter Geschwindigkeit zum Flugplatz. Hier wurde ich ob meiner Verspätung nicht gerade freundlich empfangen, da der Wind sich zu verstärken drohte. Ich suchte meinen Verspätungsfehler möglichst wieder gut zu machen, indem ich mich mit einer verblüffenden Schnelligkeit auf das Flugzeug schwang und meinen Sitz einnahm, ohne auch nur eine Frage zu tun.

Herr v. Stoephasius ließ sofort den Propeller anwerfen, und los ging es, erst einige Holper, einige Stöße, und sanft hob sich die Taube mit uns beiden. Wir umflogen den Flugplatz einige Male, begleitet von mehreren anderen Fliegern, die ihre Frühübungen unternahmen. Wir kletterten zunächst auf 300 bis 400 Meter und hatten hiermit die größte Höhe aller augenblicklich Fliegenden erreicht. Hier waren wir aber gerade in der unruhigsten Luftschicht, so daß mir der Führer zu verstehen gab, daß er höher steigen werde. Mir war es recht, denn so heftigen 'Schwankungen' war ich in meinem ganzen Fliegerleben noch nicht ausgesetzt gewesen. Zunächst interessierte mich das lebhafte Fliegen der anderen Johannisthaler Piloten, dann aber, bei fortgesetztem Steigen, änderte sich das Bild, das Flugfeld unter

Charlotte Möhring mit ihrem Grade-Eindecker

uns wurde immer kleiner und die Umschau immer überwältigender.

Unverdrossen gehorchte die Taube dem Höhensteuer, meine Blicke erweiterten sich immer mehr. Gleichzeitig merkte ich aber auch, daß die uns umgebende Temperatur sank, es wurde empfindlich kalt, ich knüpfte deshalb meine Fliegerjacke zu und umhüllte meinen Hals fester. Der Fernblick, der sich mir jetzt bot, war um so herrlicher. Berlin selbst lag in eine Dunstwolke gehüllt; Seen und Flüsse aber glitzerten zu uns herauf und die unten rundenden Flugzeuge erschienen meinem Auge wie große kreisende Schwalben.

1000 Meter las ich am Höhenmesser, da beendete v. Stoephasius die Runden und nahm Kurs auf den Kaiser-Wilhelm-Turm, den ich deutlich erkennen konnte. Bei unserem Weiterfluge stiegen wir unaufhörlich, so daß wir schließlich am Höhenmesser 2300 Meter ablesen konnten. In gleichmäßiger Ebene lag Mutter Erde unter uns, nur scheinbar besetzt mit kleinen Pünktchen und durchzogen von blanken, ungleichmäßig ausgearbeiteten Linien. Ich konnte jetzt deutlich erkennen, daß wir uns wieder über einem Flugfeld befanden, denn unter uns befanden sich Flugzeuge, die scheinbar dasselbe Bild wie in Johannisthal boten. Da stellte von Stoephasius den Motor ab, unwillkürlich durchzuckte ein merkwürdiger Gedanke mein Inneres, mein Blick streifte den Höhenmesser und da begannen auch schon für mich die schönsten Augenblicke meines Lebens, nicht meines Fliegerlebens, nein, meines Lebens überhaupt. Langsam, ganz langsam schwebten wir hernieder, nicht im Liniengleitfluge, sondern indem wir Runden und Achten beschrieben. Ich habe es – und ich bin doch selbst Fliegerin – nicht für möglich gehalten, daß man so flach gleiten kann. Schon mehrere Minuten dauerte der Gleitflug, und doch sind wir noch immer in bedeutender Höhe. So geht es 6 Minuten, ich habe, offen gestanden, in dieser Zeit nichts gesehen, mit offenen Augen gab ich mich dem wunderbaren Gefühle des Gleitfluges hin; nichts, aber auch gar nichts störte diesen prachtvollen Eindruck, ein sanftes Klingen der Drähte hebt sogar noch das Wohlsein.

Alles hat ein Ende, leider auch dieses Glücksgefühl. Erst eine, dann gleich mehrere Böen erfassen unser Flugzeug und der vorsichtige Führer läßt den Motor wieder anspringen. Rasch steigen wir jetzt nieder, einige ordentliche 'Rüttler' müssen wir noch über uns ergehen lassen, da landet von Stoephasius schon und hat seinen Dienst für heute beendet. Das Flugzeug hat seinen Besitzer gewechselt. In Döberitz wurde noch festgestellt, daß wir, trotzdem wir eine Höhe von 2300 Metern erreicht hatten, die 45 Kilometer lange Strecke von Johannisthal bis Döberitz in 18 Minuten durchflogen hatten.«[114]

Etwa um diesen Zeitraum lernte Charlotte Möhring bei einer Schauflugveranstaltung den Flieger Georg Mürau kennen, der wie sie bei Hans Grade in Bork das Fliegen erlernt und danach mit einem gekauften Grade-Eindecker auf dem Flugfeld von Gelsenkirchen eine Flugschule gegründet hatte.[115] Sie heirateten – und bestritten die Ausbildung von Flugschülern nun gemeinsam.

Hans Grade: Von sechs Pilotinnen mit deutschem Flugzeugführerschein gingen allein drei aus seiner Fliegerschule in Bork hervor

Martha Behrbohm

Ebenfalls aus der Grade-Fliegerschule ging die Berliner Fliegerin Martha Behrbohm hervor. Sie erhielt den Flugzeugführerschein Nr. 427, ausgestellt am 4. Juni 1913.

Begonnen hatte sie allerdings ihren Flugunterricht in der kleinen Fliegerschule von Paul Schwandt, einem ehemaligen Schüler Hans Grades, der sich mit einem Eindecker aus Bork als selbständiger Fluglehrer auf dem Flugplatz Johannisthal zu behaupten suchte, obgleich sich dort, wie nirgendwo sonst im Lande, die Flugschulen der Fabriken und der kleinen Unternehmen konzentrierten. Am Jahresende 1912 ging Martha Behrbohm zu Hans Grade und beendete dort ihre Ausbildung.

Auf dem Flugplatz Bork, der inzwischen der »Grade-Flugplatz« genannt wurde, lernte sie den Flugschüler Hans Georgi kennen.

Dieser hatte bei Oswald Kahnt, ebenfalls ein Absolvent der Grade-Fliegerschule, in Leipzig-Lindenthal zu fliegen begonnen, und nun war er in Bork, um seine Prüfungsflüge auszuführen.[116]

Martha Behrbohm und Hans Georgi heirateten, und sie kauften zwei Grade-Eindecker. Als »fliegendes Ehepaar« gründeten sie in Leipzig-Mockau eine eigene Fliegerschule, die am 22. August 1913 eröffnet wurde. Zu dieser Zeit planten

Martha Behrbohm im Sitz ihres Grade-Eindeckers in Leipzig-Mockau (August 1913)

sie voller Zuversicht, noch ein drittes Flugzeug hinzuzukaufen[117] und einen weiteren Fluglehrer einzustellen. Doch gaben sie diese Absicht wieder auf, denn sie hatten es schwer, ihre kleine Schule zu erhalten. Mittlerweile war nicht nur die Anzahl der deutschen Flugschulen gewachsen, sondern sie hatten sich auch nahezu flächendeckend ausgebreitet. Selbst Schauflüge mit Grade-Flugzeugen hatten für die meisten Veranstalter von Flugtagen ihren Reiz verloren, weil inzwischen schon Kunstflieger am Himmel herumturnten und mit ihren Kapriolen die Zuschauer anlockten.

Festhaltenswert an dieser Stelle ist aber, daß es im Jahre 1913 drei deutsche Flieger-Ehepaare gab: Beese-Boutard, Möhring-Mürau und Behr-bohm-Georgi. Sie alle waren Besitzer von Fliegerschulen.

Außerdem kann nunmehr eine beachtenswerte Feststellung nachgereicht werden, die das Persönlichkeitsbild des ersten deutschen Motorfliegers, Hans Grade, um eine wesentliche Nuance bereichert. Er hat sich zu seiner Zeit mehr um die Ausbildung von Frauen zu Flugzeugführerinnen gekümmert als alle anderen Flugschulen in Deutschland zusammengenommen.

Else Haugk

Die letzte deutsche Flugzeugführerin vor dem ersten Weltkrieg, Else Haugk, kam aus der Schweiz und erhielt ihren Flugzeugführerschein Nr. 785 am 6. Juni 1914. Sie wurde am 10. Juni 1889 in Zürich geboren. Es ist möglich, daß die in neueren deutschen Schriften verwendete Schreibweise ihres Familiennamens – Haugh – unkorrekt ist, denn in früher schweizerischer Literatur findet sich die Schreibweise Haugk[118] ebenso wie in einigen deutschen Publikationen aus der Frühzeit des Motorfluges.

Else Haugk –
letzte deutsche Flugzeugführerin
vor dem ersten Weltkrieg

Vermutlich lebte Else Haugk zum Zeitpunkt ihrer fliegerischen Ausbildung in der Hafenstadt Hamburg oder in deren Umgebung, denn sie nahm Flugunterricht in der von Karl Caspar geleiteten Schule der »Hansa-Flugzeugwerke« in Hamburg-Fuhlsbüttel. Das Eindecker-Flugzeug, auf dem sie ausgebildet worden ist, trug in Anlehnung an den Namen des Werkes die Bezeichnung »Hansa-Taube«. Das war jedoch kein Hamburger Werkprodukt, sondern eine angekaufte Rumpler-Taube aus Johannisthal.[119] Auf diese Weise hatte Else Haugk das Schulflugzeugmuster zur Erlangung ihres Flugzeugführerscheines mit Melli Beese gemeinsam.

Gewiß wäre von der damals 25jährigen Fliegerin aus Hamburg noch manches zu erwarten gewesen, doch wenige Wochen nach ihrem Ausbildungsabschluß begann eine Zwangspause für den zivilen Motorflug. Der größte Teil Europas war in den folgenden vier Jahren mit dem Krieg beschäftigt.

Tilla Durieuxs Startunfall in Johannisthal

Tilla Durieux gemeinsam mit dem Flieger Lindpaintner im »Aeroplan«

Zu den flugbegeisterten Besuchern des Flugplatzes Johannisthal gehörte die damals sehr bekannte Schauspielerin Tilla Durieux. Sie war mit einigen Fliegern befreundet. Eines Tages lud sie Simon Brunnhuber zum Einsteigen ein. Doch es kam schon beim Start zu einem Unfall. Ebenso kurz wie der Flug war die spätere Schilderung der Schauspielerin:

»Ein Wettflug am Nachmittag war zu Ende, und ich wurde wieder einmal aufgefordert, die Maschine zu besteigen... Als wir starteten, sahen wir, wie die Zuschauer, die sich von morgens bis abends auf dem Flugplatz aufhielten, uns nachrannten und etwas zuschrien. Als wir den Grund bemerkten, war das Unglück auch schon geschehen. Ein Flieger mit einer heute längst verschollenen Type, einem Grade-Apparat, war noch in der Luft gewesen und steuerte in dem Augenblick, als wir aufflogen, auf uns zu. Ich spürte einen Ruck, dann nichts mehr, und fand mich nach einer Weile auf einem Brett im Grase sitzen, neben mir Brunnhuber, der fortwährend rief: 'Ich hab' ihn doch nicht gesehen!' Unser Apparat lag etwas ramponiert ein wenig weiter. Das Brett, worauf ich lag, war ein Teil von ihm.

Schlimmer sah es mit dem Grade-Flieger aus. Die Flügel der Maschine lagen flach auf der Erde, ohne daß man von dem Piloten etwas entdecken konnte. Es stellte sich aber heraus, daß der Motor in die Erde ein Loch gebohrt hatte, und in diesem Loch lag der Flieger so glücklich, daß ihm nichts geschehen war. Allerdings hatten wir alle drei einen tüchtigen Brummschädel.«

(Durieux, T.: Meine ersten neunzig Jahre. Berlin 1980, S. 180)

Britische Ladys
eher zurückhaltend

Obgleich die Entwicklung des Motorfluges in England, von den ersten Erfolgen in Frankreich seit dem Jahre 1906 angeregt, einen aufstrebenden Verlauf nahm und sowohl interessante Flugzeugkonstruktionen als auch viele leistungsfähige Flieger hervorbrachte, war die Teilnahme britischer Frauen, verglichen mit denen in Frankreich und Deutschland, eher zurückhaltend. Weil das ausgeprägte Verhältnis der Briten zur Tradition als geradezu sprichwörtlich gilt, und dies damals noch mehr als heute, könnte man geneigt sein, im Festhalten am traditionellen sozialen Rollenverständnis der Frau die Begründung für solche Zurückhaltung zu suchen.

Lilian Bland
Die erste Britin, die in die aktive Mitwirkung im Motorflug ausbrach, war Lilian Bland. Sie wurde im Jahre 1878 geboren und wuchs in der Nähe von Belfast auf, in Irland also, das zu jener Zeit noch vollständig zu Großbritannien gehörte. Dort, auf einem Landsitz, benahm sie sich wie ein Junge, trug, wie über sie zu lesen war, Reithosen statt Rock, befaßte sich mit dem Schießen, der Jagd, der Fischerei – und rauchte gar Zigaretten. »Als Lilian ihr dreißigstes Lebensjahr erreicht hatte, war sie immer noch ledig, trug immer noch Reithosen und pflegte ihr Gewehr.«[120]

Dies war im Jahre 1908. Ein Jahr später überflog der Franzose Louis Blériot den Ärmelkanal und landete bei Dover. Kurz darauf, im Oktober 1909, »fand in Blackpool ein Flugmeeting statt. Miß Bland fuhr hin und sah zum ersten Male in ihrem Leben richtige Flugmaschinen.«[121] Seither hatte sie ein neues Ziel: Ein Flugzeug bauen und damit fliegen. Sie studierte die Flugzeuge in Blackpool aus der Nähe, verglich sie, fertigte Skizzen an...

Ein Vierteljahr später hatte sie einen Gleitflugapparat hergestellt. Es war ein Doppeldecker mit einer Spannweite von 8,40 Metern. Sie gab ihm den Namen »Mayfly«. Dieser Gleiter war »ähnlich gebaut wie alle Flugzeuge jener Zeit. Die Konstruktionsdetails waren zusammengestohlen. Vieles war dem Flugzeug der Gebrüder Wright abgeguckt, einiges dem 'June Bug' von Glenn Curtiss, anderes vielleicht bei Paulhan. Man wußte um 1910 herum so wenig über Aerodynamik, daß sogar die damaligen 'Experten' darauf angewiesen waren zu basteln und zu experimentieren, oder einfach auf gut Glück Fremdes zu kopieren.

*Lilian Bland – erste Erbauerin
eines Flugzeuges mit Motor*

Der Bland-Gleiter »Mayfly« im gefesselten Drachentest (Februar 1910)

Alles, was sich vordem irgendwann als flugfähig erwiesen hatte, wurde zum Vorbild.«[122]

Die Schwierigkeit, vor der Lilian Bland nach der Fertigstellung der »Mayfly« stand, war grundlegender Art und bestand im Steuerungssystem. Sie schrieb darüber im Februar 1910 an die Zeitschrift »Flight«: »Mein einziges Problem besteht zur Zeit darin zu verhindern, daß sie dorthin fliegt, wo ich nicht will.«[123] Deshalb baute sie den Gleiter um und versah ihn mit Höhen-, Seiten- und Querrudern, baute auch ein Dreiradfahrwerk zwischen die Gleitkufen – und gab sich damit zufrieden. Doch brauchte sie außerdem ein Triebwerk. Dieses bestellte sie bei dem englischen Flugzeugkonstrukteur und Flugmotorenbauer Alliot Verdon Roe. Als sich die Lieferung verzögerte, fuhr sie kurzentschlossen mit einer Fähre zu ihm nach England hinüber und nahm sowohl den 50 Kilogramm schweren 20-PS-Motor in einer Transportkiste als auch den dazugehörenden Propeller als Reisegepäck mit nach Irland zurück.

Bis Mitternacht bastelte sie dann, und schließlich war der Motor in den Doppeldecker eingebaut. Da Lilian Bland keinen Benzintank zur Verfügung hatte, funktionierte sie für den Probelauf eine leere Whiskyflasche zum Kraftstoffbehälter um. Als Zuleitung zum Vergaser benutzte sie, weil ihr nichts anderes in die Finger kam, das Hörrohr ihrer ältlichen Tante. Der mitternächtliche Probelauf riß dann die gesamte Nachbarschaft im weiten Umkreis aus dem Schlaf.

Wahrlich, Lilian Bland war ein einzigartiges Original. Aber ihr Flugzeug auch, darüber waren sich damals und später alle einig: »Gewiß war die 'Mayfly' keine lebensfähige Schöpfung. Sie stellt dennoch eine erstaunliche Leistung dar und beweist den unerschütterlichen Willen ihrer Erfinderin, das gesetzte Ziel zu erreichen. Von einer 'Konstruktion' kann nur im allgemeinen Sinne des Wortes gesprochen werden, denn weder Lilian Bland noch ihre Helfer besaßen die notwendigen technischen Kenntnisse. Der Zusammen-

Lilian Bland am Steuer ihres motorisierten Flugapparates

bau des Apparates erfolgte ohne irgendwelche mechanischen Grundlagen, und bei der Einstellung der Flügel und der Steuerflächen fehlte es an Genauigkeit. Falten und Unebenheiten zeigten sich in allen Richtungen.«[124]

Freilich war die Dame in den Reithosen ein flugtechnisch-handwerklicher Autodidakt. Nachweislich konnten auch Dutzende von Erstbauten ausgebildeter Ingenieure nie vom Boden abheben. Dazu gehörten beispielsweise die ersten Konstruktionen von Louis Blériot in Frankreich und von Edmund Rumpler in Deutschland. Lilian Bland hat mit der »Mayfly« immerhin ihre Luftsprünge gemacht. Zum ersten Male von ihr fast unbemerkt. Im April 1910 – inzwischen hatte sie an ihrem Flugzeug einen ordentlichen Tankbehälter installiert und eine richtige Kraftstoffzuleitung eingebaut – gab sie auf einer Wiese erstmals Vollgas, und während sie noch auf den Motor und die Steuerung achtete, stellte sie überrascht fest, daß sie sich bereits »einige

Fußbreit über dem Boden befand!« Daraufhin stellte sie den Motor ab, kletterte aus dem Sitz und lief zurück, um im feuchten Gras nach Spuren zu suchen. »Ich bin geflogen!«, rief sie dann in ihrer Begeisterung. Tatsächlich fehlten im Grase einige Meter der Rollspuren ihres Flugzeuges.[125]

Einige Zeit hat sie mit ihrem Doppeldecker noch experimentiert, und sie soll ihn bis zum Jahre 1911 zum Fliegen gebracht haben. Nun unterschied man allerdings von Anfang an in den Kreisen der Fluggerätebauer und Flieger sehr konsequent zwischen »Luftsprüngen« und »Flügen«. Die erreichte Höhe war dabei ganz unerheblich, weshalb Sportzeugen nicht selten bäuchlings im Grase liegen mußten, um feststellen zu können, ob ein Flugzeug, das da vorüberkam, noch rollte oder schon flog. Aber auf die Weite kam es an. Der Vergleich aller Erstversuche in der Geschichte des Motorfluges belegt, daß damals eine Mindestweite von 50 Metern als Flug akzeptiert wurde, und was darunter lag, meist war es dann sowieso erheblich weniger, ist lediglich ein »Hopser« oder »Luftsprung« gewesen. So gingen dann auch die Weiten von Orville Wright (Dezember 1903 in den USA) mit 53 Metern als welterster Motorflug, von Alberto Santos-Dumont (Oktober 1906 in Frankreich) mit 60 Metern als erster europäischer Motorflug und von Hans Grade (November 1908 in Magdeburg) mit 60 Metern als erster deutscher Motorflug in die Luftfahrtgeschichte ein.

Ob Lilian Bland in diesem Sinne wirklich Flüge gelangen, ist nicht belegt. Gehopst ist sie aber mit ihrem Flugapparat allemal, und wahrscheinlich sogar durch kräftiges Anziehen des Höhenruders kurzzeitig einige Meter hoch. Als sie auf Anraten ihres Vaters das Basteln und Probieren aufgab, wofür sie derweil etwa 4000 Mark verbraucht hatte, inserierte sie ihr Motorflugzeug zum Verkauf mit der Offerte: »Fliegt bei Windstille bis zu 10 m hoch.«[126]

Im Jahre 1912 wanderte Lilian Bland als Farmerin nach Kanada aus. Einen englischen Flugzeugführerschein hatte sie nicht erhalten und auch gar nicht erst beantragt, aber sie bereicherte mit ihrem forschen Unternehmungsgeist die frühe Luftfahrt um eine sympathische Facette, denn sie war die erste Frau in der Welt, die ein Flugzeug gebaut hatte – mit dem sie dann außerdem auch noch vom Boden abhob. Und das schon im Jahre 1910 als Exotin in Irland.

Hilda Hewlett

Als die erste britische Flugzeugführerin gilt Hilda Hewlett; sie erhielt ihren Flugzeugführerschein am 18. August 1911. Ihr Weg in die Lüfte verlief unkompliziert.

Hilda Hewlett war die Gattin eines offenbar erfolgreichen englischen Romanschriftstellers, der ihre fliegerische Ausbildung, zu der es sie

Hilda Hewlett am Henry-Farman-Doppeldecker der »Blondeau-Hewlett-Flugschule« in Brooklands

drängte, finanzieren konnte. Sie schulte auf einem Doppeldecker aus der Firma des Franzosen Henry Farman. Es gibt Hinweise darauf, daß ihr Lehrer der französische Pilot Gustave Blondeau war, der ein Jahr zuvor seine Ausbildung bei Henry Farman abgeschlossen hatte, im Juni 1910 seinen Flugzeugführerschein in Besitz nehmen konnte und danach mit einem Farman-Doppeldecker nach England reiste, um sich dort als Fluglehrer niederzulassen.

Da in der Frühzeit des Motorfluges jeder lizensierte Flieger zugleich zur Ausbildung befugt war, demzufolge ohne jeden weiteren Qualifikationsnachweis als Fluglehrer tätig sein durfte,

waren Blondeau und Hewlett nach ihrer erfolgreich bestandenen Flugprüfung in fliegerischer
Hinsicht gleichberechtigt. Diesem Umstand trugen sie dann auch insoweit Rechnung, als sie gemeinsam auf dem Flugplatz Brooklands die
»Blondeau-Hewlett-Flugschule gründeten.[127] Der
Farman-Doppeldecker, mit dem beide gut vertraut waren, wurde ihr gemeinsames Schulflug-
zeug. Seither war die erste britische Fliegerin be-
ruflich selbständig und als Gesellschafterin am
gemeinsamen Unternehmen auch wirtschaftlich
unabhängig, wenngleich die kommerziellen Re-
sultate sicherlich unter ihren anfänglichen Er-
wartungen geblieben sind. Aber das war das
Schicksal der meisten kleinen Fliegerschulen.
Auch in England.

Edith Spencer-Kavanaugh
Weniger war über die Engländerin Edith Spencer-Kavanaugh in Erfahrung zu bringen, die den
aufgefundenen Unterlagen zufolge sowohl Fallschirmspringerin als auch Fliegerin war. Selbst eine knappe Beschreibung ihres Weges in der
Luftfahrt fand sich nicht, dafür aber die Mitteilung, wonach sie als Flugbekleidung »eine knappe Weste und einen Rock in so lebhaftem Rot
bevorzugte, daß sie als 'Kardinal des Himmels'
bekannt geworden ist.«[128]

Eine andere Mitteilung über diese rotbetuch-
te Kardinalin ist tragischer Art, denn sie besagt,
daß Edith Spencer-Kavanaugh bei einem ihrer
Fallschirmsprünge vom Ballon – ohne präzise
Zeit- und Ortsangabe – tödlich abgestürzt ist.[129]
Die daraufhin durchgesehenen Unfallauflistun-
gen, die von den Anfängen des Motorfluges bis
etwa zum Jahre 1913 zwar nicht von Luftfahrt-
vereinen oder Behörden, wohl aber von einzelnen Publizisten geführt worden sind,[130] haben
darüber keinerlei näheren Aufschluß erbracht.

Die englische Fliegerin und Fallschirmspringerin
Edith Spencer-Kavanaugh

Die englische Flugzeugführerin Franck in ihrem Henry-Farman-Doppeldecker,
mit dem sie den Ärmelkanal überfliegen wollte

Mrs. Franck

Eine britische Flugzeugführerin, die wegen ihres – zumindest beabsichtigten – Wagemutes von sich reden machte, war Mrs. Franck, die Gattin eines Redakteurs der Londoner Zeitung »Daily Mail«, die sich mit Preisstiftungen für Flugleistungen bereits wiederholt hervorgetan hatte. Damit hatte die Zeitung finanzielle Anreize geschaffen, von denen ein Preisgewinner seine aufwendigen Flugvorbereitungen, wenn auch nachträglich, regulieren konnte. Beispielsweise hatte die »Daily Mail« zum Jahresbeginn 1909 einen Preis von 1000 Pfund (25 000 Francs; 20 000 Mark) ausgesetzt, den jener Flieger erhalten sollte, der erstmals den Ärmelkanal zwischen England und Frankreich mit einem Motorflugzeug überquert.[131] Der Franzose Louis Blériot hatte sich noch im selben Jahre das Preisgeld gegen starke Konkurrenz geholt.

Bald nach dem Blériot-Kanalüberflug interessierten sich auch einige Fliegerinnen dafür, diese Luftreise zu wiederholen. Die Strecke von reichlich 30 Kilometern war zu jener Zeit keine unüberwindliche Schwierigkeit mehr. Das Wagnis bestand vielmehr in einem eventuellen Motorschaden unterwegs, weil man dann mit einem Landflugzeug nicht risikolos notwassern konnte. Dennoch hatte sich Mrs. Franck vorgenommen, die erste Frau zu werden, die auf dem Luftwege den Kanal überquert. Deshalb reiste sie per Schiff mit einem Farman-Doppeldecker nach Calais an der französischen Kanalküste, denn von dort nach Dover, so war auch Blériot geflogen, hat die Meeresstraße ihre engste Stelle. Für den Flug brauchte sie aber, das wußte sie, Idealwetter, denn ein Schlechtwetterflugzeug war ihr breit ausladender, aus Leisten, Drähten und etlichen Quadratmetern Bespannstoff zusammengefügter Doppeldecker nicht. Zudem hingen vom Wetter auch die Sichtbedingungen ab. Mit dem Farman-Flugzeug ließen sich ohnehin keine bedeutenden Höhen erreichen, und nur wenige Meter hoch über dem Wasser dahinzufliegen, was die Orientierung von vornherein erschwert, hätte bei widrigen Witterungsverhältnissen leicht mit einem Fiasko enden können.

Frau Franck wartete mit zunehmender Ungeduld in Calais, aber das Wetter, das sie für ihr Vorhaben brauchte, wollte sich nicht einstellen. Schließlich gab sie ihre Absicht nach längerer Wartezeit auf und reiste, wie sie gekommen war, nach England zurück. Bald darauf gab sie das Fliegen gänzlich auf. Der Grund dafür war ein dramatischer Unfall. Darüber war zu lesen: »Bei einer Veranstaltung auf dem Flugplatz Borden stürzte sie ab, und ihr Apparat fiel in die Zuschauer. Die Fliegerin erlitt schwere Verletzungen, aber ein Kind wurde getötet ...«[132]

Mrs. Franck auf dem Pilotensitz

Wagemutige Fliegerinnen
in den USA

Wie in anderen industriell entwickelten Län-dern, so hatten sich auch in den USA mehrere Flugforscher und Techniker um die Lösung des Motorflugproblems bemüht. Einige blieben in der Phase der Gleitflugerprobung ihres Baumu-sters stecken, andere in der Konstruktion eines brauchbaren Flugmotors. Die ersten, deren Kon-zept zum Durchbruch führte, waren die Mecha-nikerbrüder Orville und Wilbur Wright. Mit Or-ville am Steuer erlebte im Dezember 1903 in den Sanddünen von Kitty Hawk an der Ostküste des Bundesstaates North Carolina der Motorflug

Lillian E. Todd (links) mit ihrem Standmodell eines Fluggerätes auf der Ausstellung im Morris-Park von New Jersey (1908)

seine Geburtsstunde.[133] Zwei Jahre später wurde zum ersten Male bekannt, daß sich auch eine Frau in den USA mit dem Flugproblem befaßte.

Lillian E. Todd

Im Jahre 1905 wurde die Presse auf Lillian E. Todd aufmerksam, die sich mit Möglichkeiten des Fliegens beschäftigte, wenngleich sie für dieses Metier keinerlei technische Voraussetzungen mitbrachte, denn sie war Stenotypistin. Aber sie begann zu basteln, und sie experimentierte mit Energie und Ausdauer. Auf diese Weise entstanden Flugmodelle. Ihr erstes stellte sie im Jahre 1906 öffentlich vor.

Mehrere Jahre lang hat Lillian E. Todd den größten Teil ihrer Freizeit für den Flugmodellbau verwendet, sich mit ihren Schöpfungen an Ausstellungen beteiligt, und sie hat sogar einen »Junior Aero Club of America« gegründet,[134] in dem interessierte Jugendliche unter ihrer Anleitung flugfähige Modelle bauen und dabei ihrer eigenen konstruktiven Phantasie nachgehen konnten. Sie war die erste Flugmodellbauerin, und ihr Modellbauklub war der erste, der von einer Frau gegründet und geleitet wurde. Damit hat sie mit ihren Möglichkeiten besonders unter der Jugend zur Propagierung des Fluggedankens beigetragen.

Anfänglich soll ihr Ziel darin bestanden haben, auf einem selbstentwickelten Flugzeug aufzusteigen. Daß sie nicht sofort zum Großversuch überging und versuchte, sich über Modelle solcher Absicht in kleinen Schritten zu nähern, spricht für ihre wohlüberlegte Vorsicht, denn eine Draufgängerin, wie Jahre später Lilian Bland aus Irland, war sie nicht. Die Modellversuche werden ihr dann auch die Grenzen ihrer Möglichkeiten verdeutlicht haben. So erscheint es auch aus heutiger Sicht als eine kluge Entscheidung, daß sie dabei blieb und nichts mit mehr oder weniger blindem Eifer zu erzwingen suchte.

Bessica Raiche

Nicht minder unternehmungsfreudig war Bessica Raiche (auch die Schreibweise Raishe findet sich) aus Beloit im Bundesstaat Wisconsin im Norden der USA. Hinsichtlich ihrer Ziele wie auch einiger Besonderheiten ihrer Persönlichkeit kann sie am ehesten mit ihrer irischen Kollegin Bland verglichen werden, denn sie trug bevorzugt Männerhosen, war eine vielseitige Sportlerin und fuhr ein Automobil – was ihre gesicherten sozialen Lebensverhältnisse belegt. Mit der Unterstützung ihrer Eltern reiste sie nach Frankreich und nahm dort ein Musikstudium auf. Unter ihrem Mädchennamen Medlar begann sie diese Studien, mit ihrem Ehemann Francois Raiche kehrte sie in die USA zurück.

Aber nicht nur ihren Lebensgefährten hatte sie in Frankreich gefunden, sondern auch die dortigen Anfänge der Flugtechnik und des Motorfluges kennengelernt. Offenbar war sie davon mehr gepackt als von der Musik, denn ihre berufliche Laufbahn versuchte sie jetzt im Flugzeugbau anzusiedeln. In Mineola, ihrem neuen Wohnsitz, baute Bessica Raiche gemeinsam mit ihrem Gatten einen leichten Doppeldecker, mit dem sie am 16. September 1910 »einige Meter hoch in die Luft« gelangt sein soll.[135] Mit diesem Experimentalflugzeug – aus Bambusstangen, Klaviersaitendraht und chinesischer Seide gefertigt – probierte sie noch einige Zeit und erhielt von der »Aeronautical Society« eine Anerkennungsmedaille, der »Ersten Fliegerin Americas« gewidmet. Gemeinsam gründete das Ehepaar sodann die »French-American Aeroplane Company«, warb für das Leichtflugzeug und konnte zwei oder drei Exemplare davon verkaufen. Danach wandte sich Bessica Raiche einer anderen beruflichen Entwicklung zu.

Manche Beschreibungen kommen der Wahrheit näher, wenn sie entglorifiziert werden. Das ist wohl auch hier angebracht. Zunächst – es gibt, im Gegensatz zu aufgefundenen Vermutungen, keinen Beleg dafür, daß das Raiche-Experimentalflugzeug ein Motorflugzeug war. Die Superleichtbauweise hätte einen kleinen und sehr leichten Motor verlangt, gewichtsärmer noch, als ihn etwa der deutsche Ingenieur Hans Grade zur gleichen Zeit für seine leichten Flugzeuge verwendete. Aber er hat seinen Zweitaktmotor dafür auch speziell konstruiert und gebaut. Bessica Raiche war zwar eine erfahrene Autofahrerin, jedoch ohne technische oder gar motorentechnische Ausbildung. Zur Entwicklung und zum Bau eines kleinen und leichten Flugmotors wäre sie daher nicht imstande gewesen. Ob ihr Mann dazu befähigt war, ist unbekannt, doch wäre das den damaligen Chronisten ganz gewiß nicht unbemerkt geblieben. Beschrieben wurde von ihnen lediglich, daß beide den »Doppeldecker Stück für Stück in ihrem Wohnzimmer« gebaut und draußen auf dem Rasen zusammengesetzt haben; es war »eine Art Flugzeugbau in Heimarbeit«.[136]

Nun konnte man zwar, spezielle ingenieurtechnische Kenntnisse vorausgesetzt, notfalls am Wohnzimmertisch auch einen Motor konstruieren, aber nicht bauen. Trotzdem hätte man ihn kaufen können, sofern er angeboten worden wäre. Doch das war nicht der Fall. Die Triebwerke, die in den USA zu jener Zeit vor allem von den Wrights oder von Curtiss gebaut wurden und käuflich waren, wären für das Bambus-Klaviersaiten-Seide-Fluggerät der Raiches von vornherein viel zu schwer gewesen und hätten garantiert schon beim Rollen auf der Wiese zum Zusam-

menbruch der filigranen Konstruktion geführt. Es wäre folglich nur die spezielle Entwicklung eines adaptierten Kleinmotors in Erwägung zu ziehen gewesen. So ein Auftrag hätte jedoch eine relativ hohe Investition erfordert – und so gut betucht war das Ehepaar Raiche nicht, sonst hätte es nicht im Wohnzimmer zuschneiden und werkeln müssen.

Kurzum, alles deutet darauf hin, daß es sich um einen Gleitflugapparat gehandelt hat, mit dem von einem Hügel aus gegen geringen Wind das Fliegen möglich war. Das haben viele vor Bessica getan: Otto Lilienthal mit seinen Gleitflugzeugen seit dem Jahre 1891, der in Paris geborene Ingenieur Octave Chanute seit dem Jahre 1896 in den Uferdünen des Michigansees mit Doppel- und Mehrflächengleitern.[137] Alle Flugzeuge leicht gebaut, denn sie mußten gehoben und getragen werden können. So bekäme dann auch die Anerkennungsmedaille mit der eingeprägten Widmung, von der die Rede war, ihren Sinn, denn wenn sie unter den damaligen Bedingungen und Möglichkeiten des motorlosen Fluges mit ihrem Gleiter von Hügeln herabgeflogen ist, war sie allemal auch eine Fliegerin.

Bei alledem muß eingeräumt werden, daß sich die erörternde Betrachtung auf gefundene verbale Beschreibungen stützt, denn es fand sich kein Abbild von Bessica Raiche und ihrem Flugzeugmuster. So viel aber ist gewiß – die US-Amerikanerin befand sich in der vorderen Reihe der Frauen ihrer Zeit, die kreativ und zielstrebig ein Flugzeug zustande brachten, mit dem das Fliegen möglich war.

Blanche Stuart Scott

Ganz eindeutige Belege hingegen fanden sich über Blanche Stuart Scott, die als die erste Frau in den USA bezeichnet wird, die mit einem Motor-

Blanche Stuart Scott vor einem Start auf einem Curtiss-Doppeldecker

Der Hintergrund ist dieser: Schon in den ersten Jahren des Motorfluges entstand – zuerst in den USA – eine spezielle Form seiner öffentlichkeitswirksamen und demgemäß einträglichen Vermarktung. Showbusineß in den Lüften bot Nervenkitzel für zahlungswillige Zuschauer auf oft nur notdürftig hergerichteten Flugfeldern. Mit hohen Gagen wurden Piloten angelockt, und mit besonderen Vorführungsprämien sind sie dazu verleitet worden, jede Art von Risiko einzugehen.[140]

Solchem »Luftzirkus« gehörte nunmehr auch Blanche Scott an, mit ihm zog sie von Bundesstaat zu Bundesstaat und dort zu fast jedem größeren Ort. Zuerst mochte diese Art von Fliegerleben interessant für sie gewesen sein, doch bald wurde Dauerstreß daraus: ewig auf Reisen, ständig unter Leistungsdruck, immer in der Gefahr, sich selbst oder das Flugzeug zu überfordern...

Als »Wildkatze der Lüfte« wurde Blanche Scott angekündigt. »Jede Sekunde eine Sensation«, versprachen die Flugblätter. Ihre spektakulärste Vorführung war der überall angekündigte »Todessturz«, bei dem sie aus etwa 1200 Metern in steilem Sturzflug der Erde entgegenraste und ihr Flugzeug erst in der Höhe von 60 Metern abfing. So etwas wollte man sehen. Dafür klingelten die Eintrittsgelder in der Unternehmenskasse. Blanche Scotts Anteil wie auch der ihrer männlichen Kollegen unter den Himmelsturnern war entsprechend hoch. Sie erreichte Einnahmen bis zu 5000 Dollar pro Flugwoche. Man schrieb, ein fliegendes Mannequin sei sie nicht gewesen, denn sie habe es fertiggebracht, drei Unterröcke übereinander anzuziehen und darüber eine schwere Pumphose zu tragen. Nun ja – alles zu seiner Zeit. Da sie körperlich klein war, sah sie dann eben ein bißchen pummelig aus. Wessen Arbeitsplatz wechselnde Flugfelder bei Wind und Wetter wa-

flugzeug flog.[138] Etwa im Jahre 1890 in Rochester geboren, kam sie im Jahre 1910 mit dem international bekannten Flugzeugkonstrukteur und Flieger Glenn Hammond Curtiss in Kontakt und wurde auf dem Flugplatz Hammondsport die erste – aber auch einzige – Absolventin der zur »Curtiss Aeroplane and Motor Corporation« gehörenden Fliegerschule. Nach drei Unterrichtstagen begann sie mit Rollübungen, flog dann – und wurde in den »Luftzirkus« der Curtiss-Firma aufgenommen. Ohne im Besitze eines Flugzeugführerscheines zu sein,[139] denn dieser war zwar für die Teilnahme an flugsportlichen Wettbewerben vorgeschrieben, nicht aber für das »freie Gewerbe«.

Derartige Katastrophensituationen waren bei »Flugzirkus«-Veranstaltungen üblich, aber Blanche Stuart Scott war ihnen entronnen

(im Bild: dieser Absturz bei Seattle inmitten fliehender Zuschauer forderte drei Tote und zwölf Schwerverletzte)

ren, um dann immer wieder nach allen Seiten ungeschützt am Flugzeugsteuer zu sitzen, dem genügten zum Warmhalten selbstverständlich modische Zutaten wie Mütze, Schal und Handschuhe nicht.

Sieben Jahre, eine für das, womit sie ihr Geld verdiente, unvorstellbar lange Zeit, hielt Blanche Scott diese, wenn auch einträgliche, Flugakrobatentortour durch. Manchen ihrer männlichen Kollegen hatte sie in dieser Zeit in den Tod rasen sehen. Im Jahre 1916 zog sie einen rigorosen Schlußstrich und verließ die Fliegerei. Ihr Abschiedskommentar lautete: »Allzu oft haben die Leute dafür bezahlt, zusehen zu dürfen, wie ich meinen Hals riskiere; ich war eher eine Kuriosität – eine verrückte Pilotin – als eine erfahrene Fliegerin. Nie mehr!«[141] Dieser Entscheidung ist sie treu geblieben. Der Motorflug war für sie eine zweckbestimmte Exkursion, bei der sie Glück hatte.

Harriet Quimby

Die erste lizensierte und wohl auch berühmteste amerikanische Fliegerin in der Frühzeit des Motorfluges war Harriet Quimby. Sie erhielt ihren Flugzeugführerschein im August 1911. Die Nachricht darüber erschien auch sofort in der deutschen Presse, denn hierzulande bemühte sich Melli Beese zu diesem Zeitpunkt noch immer darum, ihre fliegerische Ausbildung als erste Deutsche endlich abschließen zu können: »Als erste amerikanische Fliegerin hat Miß Harriet Quimby jetzt in New York das Führerzeugnis erworben. Die Pilotin hat bereits Engagements für die Flugmeetings in Trenton und Chicago.«[142]

Harriet Quimby wurde im Jahre 1875 geboren. Über den Geburtsort und ihre soziale Herkunft finden sich sehr widersprüchliche Angaben. Übereinstimmung besteht allein darin, daß

Harriet Quimby
– erste lizensierte amerikanische Flugzeugführerin

Die Fliegerin Quimby vor dem Start in Dover zum Kanalüberflug

Der erste Flieger in dieser Familie war John. Gebürtig in Chicago wurde er zunächst Architekt, ging nach Frankreich und baute dort, beeinflußt vom Aufschwung des Motorfluges, einen Eindecker mit Gnôme-Motor.[143] Er nannte ihn »Crow« (Krähe), diese aber war fluguntauglich. Auch sein zweites Flugzeug, ein Doppeldecker mit breit gewelltem Blechdach, war nicht besser. So kaufte er sich dann einen zweisitzigen Blériot-Eindecker.[144] Mit diesem überflog er mit einem Passagier an Bord am 17. August 1910 den Ärmelkanal[145] und machte Schlagzeilen, weil es der erste Passagierflug auf der Route zwischen Calais und Dover war. Dieses Blériot-Flugzeug nahm er mit in die USA, wo er in New York gemeinsam mit seinen Geschwistern das erwähnte Schauflugunternehmen gründete.

Mit diesem John B. Moisant sprach Harriet Quimby unverzüglich nach der Flugschau, die sie gesehen hatte. Er sagte ihre Ausbildung zu, jedoch kurze Zeit danach, am 31. Dezember 1910, stürzte er bei einem Flugpreiswettbewerb tödlich ab. Trotzdem hielt Harriet Quimby an ihrer Absicht fest, nahm Unterricht bei Alfred Moisant, bestand die Pilotenprüfung »über und über mit Schmutz und Öl bedeckt, aber strahlend«. Im August 1911 wurde ihr als der ersten Frau Amerikas der Flugzeugführerschein ausgehändigt. Sie schloß sich dem Moisant-«Flugzirkus« an und reiste mit ihm von Ort zu Ort, beteiligte sich im Oktober 1911 an einem internationalen Damen-Flugwettbewerb, zu dem insgesamt nur vier Frauen gemeldet wurden, der sie aber erstmals mit der belgisch-französischen Erfolgspilotin Hélène Dutrieu zusammenführte.

Diese mehrtägige Begegnung, aus der Harriet Quimby zahlreiche Informationen über den westeuropäischen Motorflug gewann, mochte zu ihrem Entschluß geführt haben, den Kanalüber-

sie zuvor als Journalistin gearbeitet hat. Als sie im Jahre 1910 über eine New Yorker Flugschau berichten wollte und sich dazu unter die Zuschauer mischte, hatte sie am Ende ihre Story, war aber vom Erlebten so stark gepackt, daß sie sich spontan dazu entschloß, das Fliegen zu erlernen. Die Veranstaltung, die sie gesehen hatte, war von der soeben gegründeten »Show Moisant International Aviation Ltd.« organisiert worden. Die Gründer und Besitzer des Unternehmens waren die Geschwister John B., Alfred und Matilde Moisant.

Nach der Kanalüberquerung unversehrt gelandet –
französische Fischer von Hardelot feiern Harriet Quimby

flug von Louis Blériot als erste Frau zu wiederholen. Jedenfalls reiste sie im Frühjahr 1912 nach Europa. Zuerst verkaufte sie in London die Exklusivrechte an der Berichterstattung über ihr Vorhaben an die Zeitung »Daily Mirror«, anschließend fuhr sie nach Paris, traf mit Louis Blériot zusammen, informierte ihn über ihre Absicht und erreichte, daß er ihr dafür einen seiner bewährten Eindecker zur Verfügung stellte.

Am 16. April 1912 startete Harriet Quimby in Dover an der englischen Kanalküste, obgleich die Wetterverhältnisse zu dieser Jahreszeit nicht gerade günstig waren. Zwar war es windstill am Starttag, aber kalt und nebelig. Doch hatte die amerikanische Lady ihre Vorsorge so getroffen: »Sie trug zwei Garnituren seidener Unterwäsche« (wollene wäre gewiß zweckmäßiger gewesen), »einen Fliegeranzug, darüber einen langen wollenen Mantel, einen Regenmantel und schließlich noch eine Stola aus Seehundfell.«[146]

Frauen über dem Ärmelkanal

Erstleistungen von Frauen, die den Meereskanal zwischen Frankreich und England auf dem Luftwege überquerten, waren:

Griffith Brewer (England): Sie fuhr am 20. Februar 1906 als erste Frau im Freiballon über den Kanal von Waudworth-Putney nach Samer bei Boulogne. Als Begleiter nahmen die Herren Butler und Spencer an der Fahrt teil.

Harbord Assheton (England): Sie unternahm am 21. Februar 1907 als erste Freiballonfahrerin eine Alleinfahrt über den Ärmelkanal hinweg. Außerdem bewältigte sie die erste nächtliche Alleinüberquerung im Freiballon, und zwar in der Nacht vom 31. Januar zum 1. Februar 1908.

Eleanor Trehawke Davies (England): Sie war am 2. April 1912 der erste weibliche Passagier bei einem Motorflug über den Ärmelkanal hinweg. Der Flugzeugführer war ihr Landsmann Gustav Hamel.

Harriet Quimby (USA): Sie bezwang am 16. April 1912 als erste Flugzeugführerin im Alleinflug den Kanal zwischen Dover und Hardelot.

Aufmerksam gewordene »Männerwelt«

«Es ist nicht gesagt, daß nur Männer das Flugzeug meistern können. Genau so, wie wir treffliche Reiterinnen haben, haben wir Fliegerinnen von Beruf, die dem 'stärkeren Geschlechte' nichts nachgeben. In Berlin ist Fräulein Beese, eine Dame, deren Lebensarbeit ursprünglich der Bildhauerei galt, wohl am bekanntesten. In Rußland ist es die Fürstin Schachowskaja. Unter den angelsächsischen Fliegerinnen hat die Amerikanerin Harriet Quimby sich einen Namen dadurch gemacht, daß sie als erste Frau den Mut hatte, den Kanal zwischen England und Frankreich am Steuer eines Flugzeuges zu überqueren.«

(Leberecht, G.F.: Luftfahrten im Frieden und im Kriege. Berlin 1913, S. 215)

Doch fror sie trotzdem in der naßkalt-nebeligen Luft über der breiten Wasserstraße. Und sie wußte, oft genug hatte man es ihr gesagt, daß sie bei solchen Sichtverhältnissen den Kompaß nicht aus den Augen lassen durfte, weil sonst die Gefahr bestand, daß ihre Flugroute in Richtung auf die Nordsee abweichen könnte, und dies wäre dann mit Sicherheit ein Flug in den Tod. Sie schrieb dazu: »Ich hatte nie zuvor einen Kompaß benutzt und zweifelte ein wenig an meiner Fähigkeit, mit diesem Gerät klarzukommen. Kaum war ich aus der Sicht der Zuschauer, als ich schon in eine Nebelbank kam und merkte, daß die Kompaßnadel eine unbezahlbare Hilfe ist. Ich konnte nichts vor mir, unter mir oder über mir sehen. So stieg ich bis in die Höhe von 600 Metern in der Hoffnung, dem mich umhüllenden Nebel zu entkommen. Es war bitter kalt – eine Art von Kälte, die einen bis in die Knochen erschauern läßt. Ich erinnerte mich mit etwas Sorge an die Bemerkung über die Nordsee. Aber ein Blick auf den

Kompaß überzeugte mich, auf dem richtigen Kurs zu sein.«[147]

Nach Calais wollte sie, verfehlte die französische Hafenstadt aber und landete in Hardelot. Unbeschadet. Zum ersten Male hatte eine Motorfliegerin den Ärmelkanal bezwungen. In den USA wurde sie wie eine Heldin gefeiert und fortan »Königin des Kanals« genannt.

Noch mehr als zuvor war Harriet Quimby jetzt eine begehrte Attraktion bei Flugveranstaltungen, zu denen sie ihren Kanalüberflug-Zweisitzer von Blériot benutzte. Jeder wollte ihr Passagier sein, und wer zahlungskräftig war, durfte es auch. Ihre mehrjährige journalistische Erfahrung kam ihr zugute, als sie für »Leslie's Weekly« eine Beitragsfolge schrieb (»Wie eine Frau fliegen lernt«; »Wie ich meinen Pilotenschein erworben habe«; »Die Gefahren des Fliegens, und wie man sie vermeidet«), in der sie sich für die Gleichberechtigung der Frauen im Fliegerberuf einsetzte: »Meiner Ansicht nach gibt es keinen Grund, weshalb das Flugzeug nicht den Frauen eine einträgliche Berufskarriere eröffnen sollte. Ich sehe keinen Grund, weshalb sie sich nicht ansehnliche Einkünfte verschaffen sollten, indem sie Passagiere zwischen benachbarten Städten befördern, warum sie ihren Lebensunterhalt nicht mit Paketbeförderung, Luftaufnahmen oder der Leitung von Flugschulen bestreiten können.«[148]

Dann kam der 30. Juni 1912. Der Moisant-»Luftzirkus« trat auf dem Flugfeld Squantum bei Boston auf. Etwa 5000 Zuschauer waren gekommen. Harriet Quimby bereicherte die Tageseinnahmen mit Passagierflügen auf ihrem Blériot-Zweisitzer. Am Nachmittag war der Veranstaltungsmanager, William A.P. Willard, ihr Fluggast. Sie flogen über die Dorchester Bay zum Bostoner Leuchtfeuer und wieder zurück. Doch plötzlich, so schilderten es Augenzeugen, ging das Flugzeug in 500 Metern Höhe ruckartig in einen fast senkrechten Sturzflug über und im selben Moment flog der Passagier – wie von einem Katapult geschleudert – heraus. Gleich darauf fiel Harriet Quimby aus dem Flugzeug. Beide »stürzten mit wenigen Sekunden Abstand ins seichte Wasser und fanden bei dem Aufschlag den Tod.«[149] So wurde Harriet Quimby das erste weibliche Opfer des Motorfluges in den USA.

Matilde Moisant

Im selben Monat wie Harriet Quimby, am 17. August 1911, hatte die zweite amerikanische Pilotin ihren Flugzeugführerschein erhalten. Sie rühmte sich der wohl kürzesten Ausbildungszeit,

Matilde Moisant (links) und Harriet Quimby (1911/12)

Ruth Law in ihrem Curtiss-Doppeldecker, mit dem sie den 950-km-Flug ausführte

denn sie soll vor der Prüfung nur 32 Flugminuten in Anspruch genommen haben: Matilde Moisant, die Mitbegründerin und Teilhaberin des Flugschauunternehmens. Im Oktober 1911 gewann sie mit 365 Metern Höhe einen Höhenflug-Wettbewerb für Pilotinnen in den USA, noch vor dem Jahresende wurde ihr mit 760 Metern ein Landeshöhenrekord gutgeschrieben. Gemeinsam mit Harriet Quimby zog sie in der Moisant-Flugschau durchs Land.

Einem Flugunfall konnte Matilde Moisant am 14. April 1912 in Wichita Falls, Mexiko, nicht ausweichen. Als sie dort nach ihren Vorführungen zum Landeanflug einschwenkte, sah sie die Zuschauer über den ganzen Platz verteilt. Folglich gab sie Vollgas und wollte durchstarten, aber »dann versagte ihr Motor; sie stürzte ab, blieb wie ein Wunder unverletzt und wurde von den Zuschauern aus dem brennenden Flugzeugwrack

gezogen.«[150] Es müssen schon chaotische Zustände gewesen sein, wenn die Veranstalter flugakrobatischer Vorführungen weder die Sicherheit der Flieger noch die der Zuschauer gewährleisten konnten.

Matilde Moisant flog weiter, aber als nur zehn Wochen nach diesem Vorfall ihre Freundin Quimby zu Tode stürzte, hielt sie den Zeitpunkt für gekommen, sich von der aktiven Fliegerei zu verabschieden. Es war unter diesen Umständen ganz bestimmt ein vernünftiger Entschluß.

Ruth Law

Auch in den USA gab es bald eine Dritte im Bunde der Flugzeugführerinnen. Sie hieß Ruth Law und erhielt ihren Flugzeugführerschein im November 1912.

In den Jahren danach ist sie kaum in Erscheinung getreten. Erst als in Europa der Krieg tobte,

Im Zeitraum 1917/18 warb Ruth Law mit Flugvorführungen
um Kriegsfreiwillige und für Kriegsanleihen

Auch das gab es schon 1912: Flug beschleunigte Mutterfreuden

«Im Aeroplan geboren zu werden, das ist – so schreibt die Wiener Luftschifferzeitung – wohl die allerfortschrittlichste Art, das Licht der Welt zu erblicken. Der jüngste Sohn des New Yorker Bankiers Fulton hat, wie man berichtet, diesen modernen Weg zum Eintritt in das Leben eingeschlagen. Es geschah am 13. Januar gelegentlich eines Passagierfluges des Aviatikers Bothner in New York. Bankier Fulton und seine Gattin beteiligten sich daran. Der Flug ging glatt vonstatten und führte bis zur Höhe von 150 Metern. Plötzlich aber wurde der Flieger veranlaßt, das Flugzeug zur Erde zu lenken, denn Mrs. Fulton fühlte, daß ein erst in einiger Zeit erwartetes freudiges Ereignis schon jetzt eintrete.

Kaum hatte sich das Flugzeug zur Erde niedergelassen, als der junge Erdenbürger mit freudigem Geschrei das Licht der Welt erblickte. Mutter und Kind befinden sich wohl.

Der Vater erklärte, daß dieser eigenartige Zufall im Leben des Kindes einen Vornamen verlange, der es immer an die Stunde seiner denkwürdigen Geburt erinnere. Einer von den Vornamen soll Wright sein. Als Rufnamen will Vater Fulton den Vornamen Lilienthals wählen, also Otto.

Von Begegnungen der Aviatiker mit Geiern und Adlern hat man schon gehört, aber eine Begegnung mit dem Storch ist bisher noch nicht zu verzeichnen gewesen. Otto Wright Fulton hat sozusagen den Vogel abgeschossen.»

(«Berliner Zeitung«, 2. März 1912)

machte sie nachhaltig auf sich aufmerksam, denn inzwischen standen Flugzeugkonstruktionen mit erheblich leistungsfähigeren Motoren zur Verfügung. Zwar ähnelten die meisten Flugzeuge noch immer den »fliegenden Kisten« der Vorkriegszeit, denn der Pilot saß auf seinem Sitz weiterhin überwiegend im Freien, aber die Leistungen waren deutlich vorangeschritten. Im Jahre 1915 flog Ruth Law in Dayton Beach, Bundesstaat Florida, ihren ersten Looping. Im späten Herbst des Jahres 1916 belegte sie in einem Höhenflugwettbewerb mit 3350 Metern den zweiten Platz. Im November 1916 – unterschiedlichen Quellen zufolge der 19. oder 20. des Monats – legte sie mit einem Curtiss-Doppeldecker, der für diesen Flug speziell mit einem Zusatztank von 200 Litern Fassungsvermögen sowie einem 100-PS-Motor ausgestattet worden war, in einem fast sechsstündigen Nonstop-Flug die 905-km-Strecke von Chicago nach Hornell bei New York zurück. Viele männliche Piloten hat Ruth Law in jener Zeit übertroffen. Völlig verdient wurde sie entsprechend gefeiert, und es sind Festessen veranstaltet worden, bei denen sie der gesellschaftliche Mittelpunkt war. Auch der »Aero Club of America« würdigte ihre fliegerischen Leistungen öffentlich.

Als im Jahre 1917 die USA in den ersten Weltkrieg eintraten, wollte Ruth Law als Flugzeugführerin daran beteiligt sein,[151] doch ihr demgemäßer Antrag wurde abgelehnt, was gewiß ein glücklicher Umstand für sie war. Immerhin erhielt sie aber die Möglichkeit, bei Rundflügen, die von der Militäradministration finanziert wurden, um Kriegsfreiwillige und für die Zahlung von Kriegsanleihen zu werben. Aus ihrer motorflugsportlichen Leistungsfähigkeit war Kriegsteilnahmeagitation geworden.

Katharine Stinson

Die vierte Frau in den USA mit einem Flugzeugführerschein, den sie noch vor dem Jahresende 1912 in Empfang nehmen konnte, war Katharine Stinson. Wie die Moisants, so hatten sich auch die Stinsons der Fliegerei verschrieben. Das Geschwisterquartett – zwei Brüder und zwei Schwestern – spielte im Motorflug der USA eine ansehnliche Rolle.

Die ältere der beiden Schwestern war Katharine. Nach ihrer bestandenen Flugprüfung schloß sie sich, wie alle anderen Motorfliegerinnen in den USA vor ihr, einer Flugakrobatentruppe an, und zwar dem »William Pickens Fliegerzirkus«.[152] Solcherlei Aktivität war der Bewegungsraum für die Pilotinnen, wenn er dem Gelderwerb und dem selbständig sichergestellten Lebensunterhalt zugute kommen sollte, und es schien schwer, diesen engen Rahmen zu durchbrechen. Katharine Stinson wurde die erste Fliegerin in ihrem Lande, die es mit Erfolg versuchte.

Vorerst war sie jedoch eine Luftzirkuspilotin und wurde sogar eine besondere »Zugnummer«, denn sie flog als erste Motorfliegerin der Welt mehrere aufeinanderfolgende Loopings. Daran

Katharine Stinson auf ihrer Flugtournee durch China und Japan

reihten sich andere Kunstflugfiguren, darunter Rückenflüge. Später schrieb man, sie sei die wagemutigste Kunstfliegerin ihrer Zeit gewesen. Daran gibt es keinen Zweifel, nur wird dabei zumeist übersehen, daß die Fähigkeit zum Motorkunstflug nicht allein mit Wagemut beschrieben werden kann, sondern daß er vor allem präzise Flugzeugbeherrschung in den verschiedenen Flugzuständen, zugleich aber auch ein Höchstmaß an Körperbeherrschung, ausgefeilte Bewegungskoordination in den Steuerungsvorgängen und höchste Konzentration voraussetzt.

Katharine Stinson soll damals gesagt haben, sie werde jetzt an den Looping eine gerissene Rolle anschließen und dadurch »die Frau auf dem schwierigsten Fachgebiet vor dem Mann in Führung bringen«.[153] Gewiß hat sie ihre Kunst-

flugtechnik ständig vervollkommnet, sonst wäre sie in den USA nicht so bekannt geworden wie der französische Kunstflieger Adolphe Pégoud in Europa. Unzweifelhaft ist auch, daß sich die amerikanischen Fliegerinnen gegen die Männerwelt am Boden wie in der Luft durchsetzen mußten, weil es Ritterlichkeit und Kavaliersverhalten in der Fliegerei kaum gab. Schon gar nicht im fliegerischen Show-Geschäft. Aber das überhöhte Streben etwa nach einer führenden Rolle der Frau im Motorkunstflug kann ihr nur ein Zeitungsreporter zugeschrieben haben. Katharine Stinson war für solche »Ideen«, nach allem, was über sie in Erfahrung gebracht werden konnte, zu intelligent und zu realistisch. Ihre Bemühungen waren mehr auf die Ausweitung ihres Fliegerberufslebens und größere Selbständigkeit gerichtet.

In Aojama bei Tokio: Überflug Katharine Stinsons mit ihrem Laird-Doppeldecker

Im Jahre 1913 hatte sie erstmals damit begonnen, die spektakulären Flugkapriolen als einziges Betätigungsfeld für Fliegerinnen zu verlassen und auch andere Bereiche zu erschließen, denn sie wurde die erste Postfliegerin.[154] Außerdem ist sie die erste Rot-Kreuz-Fliegerin geworden[155] und realisierte damit einen Plan, den bereits die Französin Marie Marvinght verfolgt hatte.

Von dem Fliegerzirkus des William Pickens hatte sich Katharine Stinson derweil völlig getrennt, nicht aber vom Kunstflug, dessen Schwierigkeitsgrad und Dauer sie fortan selbst bestimmte, wenn sie zu Flugvorführungen als »Einfrau-Zirkus« startete. Vernünftigerweise minimierte sie auf diese Weise ihr Risiko. Im Jahre 1916 beispielsweise reiste sie mit einem bei dem Konstrukteur E. M. Laird gecharterten kleinen Doppeldecker nach Japan und China, und sie ist mit ihrem Vorführprogramm überall begeistert aufgenommen worden. Ihre Schauflugtournee begann sie vor 25 000 Zuschauern auf dem Exerzierplatz Aojama bei Tokio. Sie erinnerte sich an die Stimmung nach ihren Kunstflügen: »Die Frauen waren wild vor Begeisterung, und die Männer standen ihnen darin nicht nach.«[156] Das war auf ihren weiteren Reisestationen nicht anders, denn derlei Luftakrobatik hatte dort niemand zuvor gesehen. Diese Frau am Steuer erschien daher allen als eine doppelte Sensation.

Nach ihrer Rückkehr in die USA trumpfte Katharine Stinson mit herausragenden Langstreckenflügen auf, deren bedeutendster sie im Jahre 1917 von San Diego nach San Francisco

Nur leichter Bruchschaden entstand, als die Fliegerin Stinson in Schanghai bei der Landung die Platzeingrenzung durchbrach und in den Graben rutschte

Blumen von einer Geisha in Osaka für Katharine Stinson

führte. Dazu mußte sie auf ihrer Flugroute hinter Los Angeles über den 2750 Meter hohen Tehachapi-Paß hinweg. An diesem waren vor ihr schon mehrere Flieger gescheitert. Katharine Stinson schraubte sich geduldig mit ihrem Flugzeug in die Höhe – und schaffte es. Sie kam danach rasch voran, »erreichte eine Reisegeschwindigkeit von 100 Stundenkilometern, winkte Zügen und Schulkindern zu und landete unter den Hurrarufen von Soldaten auf dem Militärstützpunkt Presido in San Francisco. Sie war 980 Kilometer weit geflogen und hatte damit einen Streckenrekord für Männer und Frauen aufgestellt.«[157] Den Streckenflugrekord Ruth Laws hatte sie um immerhin 30 Kilometer überboten. Wenn bedacht wird, daß die Zeit für diesen Nonstop-Flug zehn Stunden betragen hatte,[158] dann wird deutlich, daß dieser Flug außer einer besonderen fliegerischen Leistung auch eine hohe physische Anstrengung war.

Am Rande sei vermerkt, daß auch in diesem Falle wieder die Angaben in den unterschiedlichen Quellen voneinander abweichen. Danach soll der Flug von Chicago nach Binghampton geführt haben, und er soll nicht auf einem Militärflugplatz beendet worden sein, sondern irgendwo auf schlammigem Boden, wobei das Flugzeug vornüber gekippt sei. Alle diese unterschiedlichen Informationen stammen von amerikanischen Autoren. Wenigstens wird die Rekordflugleistung der Fliegerin nirgendwo bestritten.

Seit dem Kriegseintritt der USA im Jahre 1917 waren Politik, Presse und Propaganda, wenn überhaupt auf das Fliegen, dann auf die Militärfliegerei gerichtet. Das Öffentlichkeitsbild Katharine Stinsons, einer starken Persönlichkeit, die mit ihrem Beispiel und mit ihrer Ausstrahlung sehr viel für das Ansehen der Frauen im Motorflug getan hat, verblaßte allmählich.

Majorie Stinson

Ihre jüngere Schwester, Majorie Stinson, hat im Jahre 1914 ihren Flugzeugführerschein erhalten und war – auch hierzu sind die Angaben unterschiedlicher Art – mit ihren 18 oder 20 Jahren die jüngste lizenzierte Pilotin der USA.[159]

Nach ihrer Ausbildung an der amerikanischen Wright-Flugschule trieb sie es nicht zu Kunst- oder Langstreckenflügen, sondern sie ging sogleich nach San Antonio in Texas, wo ihre beiden Brüder die »Stinson-Fliegerschule« gegründet hatten. Dort arbeitete sie im Familienbetrieb als Fluglehrerin. Das war eine ganz und gar pragmatische Entscheidung, denn sie schlug damit eine völlig unspektakuläre Fliegerinnenlaufbahn ein. Das ist aber möglicherweise auch eine Erklärung dafür, daß sie heute auf keinem der zugänglichen Fotos aus der Frühzeit des Motorfluges zu finden ist.

Majorie Stinson hat mehrere Jahre lang mit ihren Brüdern erfolgreich zusammengewirkt. Seit dem Jahre 1917 bildete sie kanadische Militärpiloten aus.

Katharina Wright

Aus den frühen Jahren des Motorfluges in den USA muß hier auch Katharina Wright erwähnt werden. Sie ist nicht verwandt mit der an anderer Stelle genannten Jane Wright, die unter dem Pseudonym Denise Moore als französische Flugschülerin tödlich abgestürzt war.

Katharina Wright stand so sehr im Schatten ihrer berühmten Brüder Orville und Wilbur, den ersten Motorflugpionieren, daß sie in zahlreichen Veröffentlichungen über die Wrights gar nicht erwähnt, und wenn doch, dann der Eindruck erweckt wird, als sei sie gelegentlich nur mitgeflogen, habe aber nie am Steuer eines Flugzeuges gesessen. Jedoch fand sich ein Hinweis darauf, daß sie bereits im November 1910 auf einem Wright-Doppeldecker einen Allein-Überlandflug von 72 Minuten Dauer mit Start und Landung in Dayton ausgeführt habe.[160] Der Vergleich von Angaben über die lizensierten USA-Pilotinnen von Harriet Quimby bis Majorie Stinson läßt allerdings erkennen, daß sie zwar zu fliegen verstand, aber, ebenso wie Blanche Scott, keinen Flugzeugführerschein besaß. Den brauchte sie auch nicht, denn an Flugwettbewerben, für die solche Zulassung nötig gewesen wäre, hat sie sich nicht beteiligt. Außerdem befand sie sich infolge der kommerziellen Erfolge ihrer Brüder in einer, verglichen mit allen anderen amerikanischen Fliegerinnen jener Zeit, begünstigten Situation, denn sie mußte ihren Lebensunterhalt weder mit Flugakrobatik noch als Fluglehrerin bestreiten. Das spricht nicht gegen sie, sondern für ihre Brüder, doch erklärt es, weshalb sie keinen fliegerischen Tatendrang zu entwickeln brauchte.

Orville, Katharina und Wilbur Wright (v. l. n. r.)

Russische Fliegerinnen
auf ausländischen Flugzeugen

Lydia W. Swerjowa wurde die erste russische Flugzeugführerin

Die raschen Fortschritte in Frankreich seit dem ersten europäischen Motorflug Santos-Dumonts hatten auch in Rußland Dutzende von Ingenieuren und Technikern, Konstrukteuren und Experimenteuren angeregt, sich mit dem Bau von Flugzeugen und Flugmotoren zu beschäftigen. In den Jahren 1909/10 entstanden zwar zahlreiche Versuchsflugzeuge,[161] aber die russische Militärverwaltung bevorzugte die Einfuhr vor allem französischer Flugzeugmuster, denn diese waren bereits erprobt, serienreif und hatten sich auf vielfache Weise bewährt. Aus den gleichen Gründen sind von russischen Flugzeugfabrikanten überwiegend ausländische Typen auf Lizenzbasis nachgebaut und verbreitet worden. Diese wurden dann auch von Flugschulen und Fliegern im Lande verwendet, zumal die ersten von ihnen in Fliegerschulen Frankreichs ihre Ausbildung absolviert und den französischen Flugzeugführerschein erworben hatten. Zu ihnen gehörten Michail Nikiforowitsch Jefimow (Nr. 31 vom 15. Februar 1910, ausgebildet auf einem Henry-Farman-Doppeldecker); N. E. Popow (Nr. 50 vom 19. April 1910, ausgebildet auf einem Wright-Doppeldecker); Lebedew (Nr. 98 vom 10. Juni 1910, ausgebildet auf einem Henry-Farman-Doppeldecker) ... Insgesamt 21 russische Piloten allein bis zum Jahresende 1910, die nach ihrer Rückkehr überwiegend als Lehrer an zivilen und militärischen Flugschulen ihre Tätigkeit aufnahmen.

Lydia Wissarionowna Swerjowa

Aus einer dieser Fliegerschulen, die der »Ersten Russischen Luftfahrt-Gesellschaft S. S. Schtschetinin«, ging Lydia Wissarionowna Swerjowa als erste russische Fliegerin auf einem Henry-Farman-Doppeldecker hervor. Sie erhielt ihren russischen Flugzeugführerschein Nr. 31 nach einer glänzend bestandenen Prüfung am 10. August 1911.[162] Die Ausbildungsstätte, an der sie das Fliegen gelernt hatte, befand sich in Gatschina bei St. Petersburg, der damaligen Hauptstadt Rußlands.

Lydia Swerjowa wurde im Jahre 1890 in St. Petersburg geboren, war demnach, als sie Fliegerin wurde, 21 Jahre alt. Sie beteiligte sich an Schauflügen, unternahm auch einige Überlandflüge, aber ging dann konkret zur Sache, als sie eine Flugschule speziell für Frauen gründete. Damit verband sie eine geradezu proklamatische öffentliche Erklärung, mit der sie sich an Frauen wandte und die auf besondere Weise belegt, daß die russische Weiblichkeit keine geringeren Schwierigkeiten hatte als die in anderen Ländern, sich im Fliegerberuf zu etablieren. Es hieß darin: »Nachdem der Weg in die Fliegerei für die russische Frau geebnet worden ist, lade ich euch ein, mir zu folgen bis zum vollen Sieg der Frau über die Lüfte und zur Gleichberechtigung in dieser Beziehung mit den Männern.«[163]

Der Aufruf hatte eine gewisse Wirkung, denn mehrere Frauen fanden danach den Weg zum Motorflug.

Jeldoika Wasilewna Anatra

Eine von ihnen war Jeldoika Wasilewna Anatra. Auf dem Flugplatz Gatschina erwies sie sich als eine gelehrige Schülerin und erhielt als zweite Russin ihren Flugzeugführerschein. Er trug die Nummer 54 und ist ihr am 3. Oktober 1911 zu-

erkannt worden.[164] Gemeinsam mit dem Flieger Naumow hat sie – ebenfalls in Gatschina – eine Fliegerschule eröffnet, die im Jahre 1912 ihren Unterricht aufnahm.

Eine bald sehr bekannt gewordene Schülerin der Fliegerschule von Anatra und Naumow war Jewgenia Michailowna Schachowskaja, die dort ihre Ausbildung begann, bevor sie ihr Landsmann Abramowitsch im Jahre 1912 nach Berlin-Johannisthal mitnahm. Da sie noch im selben Jahr einen deutschen Flugzeugführerschein erhielt (Nr. 274), ist sie als dritte deutsche Motorfliegerin bereits vorgestellt worden und bedarf an dieser Stelle lediglich der einordnenden Erwähnung.

Mehr war über Jeldoika Anatra nicht in Erfahrung zu bringen. Auch ein Foto fand sich nicht.

Ljubow Alexandrowna Galantschikowa

Ebenso weit wie die soeben genannte Fürstentochter Schachowskaja ist die dritte russische Flugzeugführerin über die Grenzen ihres Landes hinaus bekannt geworden: Ljubow Alexandrowna Galantschikowa. Auf ihren Namen wurde der Flugzeugführerschein Nr. 56 am 29. Dezember 1911 ausgestellt,[165] nachdem sie auf dem Flugplatz Gatschina mit einem Henry-Farman-Doppeldecker an der Fliegerschule der »I. Russischen Luftfahrt-Genossenschaft« erfolgreich ihre Ausbildung abgeschlossen hatte. In Deutschland ist ihr Name später als Ljuba Galanschikow (auch Galanschikoff) wiedergegeben worden.

Im Jahre 1889 wurde Ljuba Galantschikowa in St. Petersburg geboren. Sie erlernte zunächst den Beruf einer Buchhalterin, beschäftigte sich in ihrer Freizeit mit Gesang, Tanz und Laienspiel, bis sie vom Leiter einer französischen Varietégruppe entdeckt wurde, die in der Nähe gastier-

Ljuba Galantschikowa im Fluggastsitz (russisches Autogramm: Galantschikowa)

te. Er bot ihr einen Platz in der Gruppe an, sie sagte zu, aber ihr Name erschien als nicht zugkräftig genug für eine Kleinkunstmannschaft. So wurde sie fortan auf Plakaten als Molly Moret angekündigt. Bald darauf, am 25. April 1910, begann auf der Pferderennbahn von Kolomjagi die erste russische Flugwoche mit starker internationaler Beteiligung. Unter den ausländischen Flugteilnehmern befand sich, wie schon früher erwähnt, die welterste Pilotin aus Frankreich – Raymonde de Laroche.

Ljuba Galantschikowa war voller Begeisterung und drängte sich täglich unter die Zuschauermassen. Als diese erste russische Großflugveranstaltung wegen des überaus starken öffentlichen Interesses nicht nur verlängert, sondern sogleich auch mit der Vorbereitung eines weiteren Flugmeetings begonnen werden mußte – das noch im August/September 1910 stattfand –, befand sich Ljuba Galantschikowa

wiederum unter den Zuschauern. Jetzt leistete sie sich sogar einen Mitflug auf einem Passagiersitz und faßte nach diesem Erlebnis den Entschluß, selbst das Fliegen zu erlernen. Der Pilot, der sie mitgenommen hatte, war Michael N. Jefimow, der Inhaber eines französischen Flugzeugführerscheines war und nun zu den Pionieren des Motorfluges in Rußland gehörte. Er bestärkte sie in ihrer Absicht.

Im Jahre 1911, als sie 22 Jahre alt war, begann Ljuba Galantschikowa ihre Ausbildung in Gatschina, ohne in dieser Zeit ihre Auftritte im Varieté aufzugeben, denn diese sicherten ihren Lebensunterhalt. So fuhr sie morgens in aller Herrgottsfrühe mit der Bahn nach Gatschina hinaus, oft sogar vergeblich, wenn sich dort herausstellte, daß das Fliegen wegen widriger Witterungsverhältnisse nicht möglich war. Mit dem Mittagszug fuhr sie nach St. Petersburg zurück, denn abends stand sie wieder auf der Bühne. Es war eine anstrengende Zeit für sie, doch am Jahresende 1911 hielt sie ihren Flugzeugführerschein in der Hand.

Eine arge Enttäuschung erlebte sie dann, als sie an die Türen verschiedener Flugzeugwerkstätten und Fliegerschulen klopfte, in der Hoffnung, als Fliegerin eingestellt zu werden. Doch hatte man dort nicht gerade auf sie gewartet, der Bewerber gab es viele, und jede Stelle war stabil besetzt. Aber sie mußte sich auch wiederholt darüber belehren lassen, »daß die Fliegerei ganz und gar keine Sache für eine Frau sei«.[166] Eigentlich sehr erstaunlich für Gatschina zu jener Zeit, denn gerade dort hatten sich Frauen im Motorflug bereits behauptet. Über die finanziellen Mittel etwa für ein eigenes Flugzeug und die damit verbundenen Folgekosten oder gar für das Einrichten einer eigenen kleinen Fliegerschule, von de-

nen es in Gatschina inzwischen ohnehin schon mehr gab, als nötig war, verfügte sie nicht. Also verdingte sie sich für Flugvorführungen an ein russisches Luftschausteller-Unternehmen, das sich von gleichartigen »Flugzirkus«-Trupps in den USA nur dadurch unterschied, daß weniger gefahrvolle Vorführungen von den Fliegern verlangt und geboten wurden.

Im Jahre 1912 lernte sie in St. Petersburg den niederländischen Flugzeugbauer und Flieger Anthony Herman Gerard Fokker kennen, der in Berlin-Johannisthal die Firma »A. H. G. Fokker Aeroplanbau« gegründet hatte[167] und gerade an einem Ausschreibungswettbewerb teilnahm, bei dem er versuchte, mit brillanten Flugvorführungen einen Liefervertrag der russischen Militärverwaltung für seine wendigen Eindecker zu erlangen. Das gelang ihm zwar nicht, weil der Rus-

Frl. L. Galanschikoff auf Fokker-Eindecker

»Puschka« im Fokker-Eindecker (deutsches Autogramm: Galanschikoff)

124

se Abramowitsch auf dem deutschen Wright-Doppeldecker überzeugender flog,[168] aber Fokker nahm Ljuba Galantschikowa nach Johannisthal mit und stellte sie als Werkpilotin ein. Wiederholt ist sie gar als Chefpilotin der Fokker-Werke bezeichnet worden, doch diese Funktion übte der Firmeninhaber Fokker selbst aus. Jedenfalls erwies sie sich als eine befähigte Fliegerin und als werbewirksames »Flying-Girl«, das erheblichen Anteil daran hatte, daß die Fokker-Eindecker ein positives Presse-Echo fanden.

Fokker teilte später darüber mit: »Anfänglich nahmen die Leute an, daß sie nur flog, weil sie meine Freundin sei, aber bald mußte man zugeben, daß sie eine geborene Fliegerin war. Bekanntlich nennt man in Deutschland einen hervorragenden Flieger eine 'Kanone', und Ljuba erhielt das entsprechende russische Wort 'Puschka'

als Beinamen, nachdem sie auf einem meiner Flugzeuge 2200 Meter erreicht und damit den Welthöhenrekord für Frauen errungen hatte.«[169]

Mit diesem Weltrekordflug hatte »Puschka« tatsächlich Furore gemacht. Am 21. November 1912 (einzelne Quellen geben als Datum den 22. November an) startete sie in Johannisthal mit einem Fokker-Eindecker, der mit einem 100-PS-Argus-Motor ausgestattet war, schraubte sich stetig in die Höhe, und als sie bemerkte, daß sie nicht weiter steigen konnte, kam sie im gleitenden Spiralflug wieder zum Landeplatz zurück. Die Sportzeugen Willy Rosenstein und Ellery v. Gorrissen – bekannte und erfahrene Johannisthaler Fluglehrer – konstatierten am versiegelten Barographen die erreichte Höhe. Daraufhin meldete die Zeitschrift »Flugsport« anerkennend: »Einen grandiosen Flug führte Fräulein Galanschikoff

Zeitgenössische Postkarte: Ljuba Galantschikowa nach ihrem Weltrekordflug auf 2200 m Höhe in Johannisthal

»Puschkas« Höhenflugweltrekord als Werbeargument

auf einem Fokker-Eindecker aus. Ihr gelang es, einen neuen Höhenweltrekord für Damen aufzustellen, und zwar erreichte sie die respektable Höhe von 2200 Meter. Der frühere Weltrekord von Melli Beese, der 850 m betrug, ist somit fast um das Dreifache überboten. Frl. Galanschikoff, die ihr Pilotenzeugnis auf einem Farman-Doppeldecker in Rußland erwarb, hat sich in kurzer Zeit mit der Steuerung des Fokker-Eindeckers vertraut gemacht und dürfte sicherlich, ihren bisherigen Flügen nach zu urteilen, die beste Fliegerin des Kontinents sein... Wenn es so weiter geht, werden wir bald Fliegerschulen mit rein weiblichem Personal finden...«[170] Wünschenswert wäre das durchaus gewesen, jedoch befand sich diese Voraussage weitab von der Konkurrenzrealität im Flugwesen.

Es schmälert die Leistung der damaligen Fok-ker-Pilotin keineswegs, wenn im Rückblick darauf aufmerksam gemacht wird, daß dieser Galantschikowa-Beese-Vergleich nicht so korrekt war, wie er auf den ersten Blick erscheint, denn Melli Beese hatte bei ihrem Rekordflug einen Passagier an Bord, Ljuba Galantschikowa flog allein. Deshalb handelte es sich auch nach den damals gültigen Flugleistungsklassifikationen um zwei verschiedene Rekordklassen. Darum war der Beese-Rekord nicht eingestellt worden, sondern er hatte weiterhin Bestand.

Von vielen Fliegern, so war zu lesen, ist die hübsche Russin umschwärmt worden. Eine Beziehung mit dem deutschen Flieger Gustav Adolf Michaelis bahnte sich an. Sie begann damit, daß sich die beiden, wenn sie flogen, in der Luft einander zuwinkten – erinnerte sich Fokker. Doch das jähe Ende kam, als Michaelis am 27. Mai 1913

*Letztes Foto in Johannisthal 1913 – bald darauf flog
die Russin mit dem Franzosen Letort nach Paris*

in Johannisthal abstürzte und wenige Tage später, am 1. Juni, an den Folgen des Unfalles starb.

Dann kam ein Franzose, der Flieger Letort. Mitte Juli 1913 traf er, nach einem Nonstop-Flug aus Paris kommend, in dem Berliner Vorort Johannisthal ein. Eigentlich wollte er nach einem kurzen Zwischenaufenthalt zum Weiterflug nach Riga starten. Doch dann kamen zwei Ereignisse dazwischen. Erstens lernte er Ljuba Galantschikowa kennen. Zweitens erfuhr er, daß er für

die gleiche von ihm zurückgelegte Strecke, nur in der Gegenrichtung, einen 10 000-Mark-Preis erhalten könne. Man zeigte ihm die »B.Z. am Mittag« vom 30. September 1912. Dort stand: »10 000 Mark für den ersten Flug Berlin – Paris. Die Zigarettenfabrik Batschari in Baden-Baden hat dem Reichsflugverein den Betrag von 10 000 M. zur Verfügung gestellt, mit der Bestimmung, daß die Summe demjenigen Piloten beliebiger Nationalität zufallen solle, welcher als erster den Flug von Berlin (Johannisthal) nach Paris an einem Tage ausführt. In einem Tage ist im Sinne des Preisstifters zu verstehen: Eine Stunde vor Sonnenaufgang bis eine Stunde nach Sonnenuntergang ... Ein bestimmter« (kalendarischer; d. Verf.) »Zeitraum, innerhalb dem der Preis bestritten werden muß, ist nicht festgesetzt worden, so daß die Summe jederzeit gewonnen werden kann. Also – Flieger heraus!«

Ein Telefonat genügte, um die Bestätigung zu erhalten, daß die Ausschreibung noch immer galt. Also traf Letort seine Vorbereitungen für den Rückflug, bei dem ihn Ljuba Galantschikowa begleiten wollte. Am 23. Juli 1913 teilte dann die »B. Z.« ihren Lesern mit, daß Letort »um 4 Uhr 21 Minuten mit seinem Morane-Saulnier-Eindecker ... bei günstigem Wetter mit der russischen Fliegerin Frl. Galanschikow zum Fluge nach Paris gestartet« sei. »Es ist dies das erste Mal, daß ein Flug zwischen den beiden Metropolen mit Passagier unternommen wird.« Doch das »günstige Wetter«, von dem in der Meldung die Rede war, galt nur für den ersten Streckenabschnitt, denn bald verhinderten es die Wetterbedingungen, Paris noch am selben Tage zu erreichen. Die russische Flugbegleiterin, die unterwegs navigatorische Hilfe leisten sollte, hat ihre Eindrücke während dieser Flugreise notiert. Diese Skizzen vermitteln einen überaus seltenen Einblick in die

Erlebniswelt des Motorfluges in seinen Anfangs-jahren:

«23.7.13: Um 4.20 Uhr morgens Start in Johannisthal. Viele Flieger geben uns das Geleit. Ich sehe einen Fokker-Apparat. In ihm sitzt Fokker. Wir nehmen Abschied von ihm, ziehen noch einen Kreis und entfernen uns vom Flugplatz. Um uns verschlechtert sich die Sicht, bald verliere ich Johannisthal aus dem Blickfeld.

5.10 Uhr – Rathenow: Wir fliegen in Wolken. Letort drosselt einige Male den Motor und sinkt tiefer, damit wir Sicht behalten. Wir orientieren uns an Eisenbahnlinien.

5.30 Uhr: Wiederholt geraten wir in Vertikal-böen und werden regelrecht herumgeschleudert. Mit dem Motor sind wir sehr zufrieden, er arbeitet störungsfrei. Wir vertrauen darauf, daß er nicht ausfällt. Unter uns ausgedehnte Wälder und Gewässer. Bald verlassen wir dieses dunstige Gebiet. Die Sonne leuchtet jetzt und scheint uns in den Rücken. Letort gibt mir ein Handzeichen, deutet auf eine dunkle Regenwolke vor uns.

5.35 Uhr – Stendal: Wir fliegen in einer Höhe von 1000 Metern. Ich vergleiche unseren Kurs mit der Landkarte. Die Eisenbahnlinie, der wir folgen, ist gut zu erkennen. Das erleichtert uns die Orientierung.

6.30 Uhr: Das Wetter verschlechtert sich...

Der französische Flieger Letort und seine russische Begleiterin Galantschikowa (Bildmitte)
nach der Zwischenlandung in Köln (Juli 1913)

6.50 Uhr: Nichts mehr zu sehen unter uns. Es beginnt stark regnen. Wären wir doch schon in Hannover.

7.05: Endlich Hannover. Aber wo ist der Flugplatz? Regen und Nebel versperren uns die Sicht, wir können kaum etwas erkennen. Letort entdeckt eine große freie Fläche und schaltet den Motor ab. Aus 50 Metern sehen wir: Es ist offenbar ein militärisches Übungsgelände; alles ist voller Hindernisse. Wenn wir hier landen, geraten wir in Hürden oder Gräben!

7.20 Uhr: Wir gehen weiter herunter, kreisen und erkennen, daß sich daneben ein Flugfeld befindet, nur 500 Meter entfernt. Wir wollen landen, auftanken und heute noch weiterfliegen, aber ein Gewitter hindert uns am Weiterflug. Deshalb entscheiden wir uns notwendigerweise für die Flugfortsetzung am folgenden Morgen.

24.7.13: Um 5.00 Uhr Abflug von Hannover. Was für ein schöner Tag! Zwischen Wolken blinzeln reizvolle Dörfer zu uns herauf. Hier ist alles stimmungsvoll. Die aufgehende Sonne bescheint unser Flugzeug. Es ist schwierig, diese Schönheit zu beschreiben. Was für ein überwältigendes Bild. Mein Gott! Wo bin ich? Buchstäblich im Himmel.

Nach 20 Minuten fliegen wir über einer dichten Wolkendecke. Es ist selbst für mich ganz ungewöhnlich, in so einem endlos erscheinenden Wolkenmeer zu sein. Aber wer nichts wagt, der kann auch nichts gewinnen!

5.37 Uhr: Wir sind jetzt insgesamt 300 Kilometer geflogen, aber bis Paris sind es noch 650. Wir hoffen, daß unser Motor durchhalten wird, denn das Ziel unserer Luftreise ist noch weit. So langsam wird es kalt.

5.45 Uhr: Ich sehe wieder Land. Jetzt befinden wir uns nicht mehr über den Wolken, wo es sehr schön war; hingegen war es scheußlich unangenehm, als wir sinkend in den Wolken flogen. Die Landkarte weist uns auf ein Gebirge hin, aber ich kann es nicht sehen.

6.37 Uhr: Wir fliegen in 1500 Metern Höhe. Und die ganze Zeit über den Wolken. Endlich sehe ich einen kleinen Fetzen Land – direkt inmitten eines Regenbogens. Häufig treffen uns vertikale Böen. Das Flugzeug wird herumgeschleudert und seine Flügel beben. Mir wird ganz mulmig.

6.46 Uhr: Wieder haben wir kein Glück. Erneut geraten wir in einen heftigen Regenguß. Die Regentropfen stechen schmerzend im Gesicht wie Stecknadeln.

6.53 Uhr: Unter uns ein großer Fluß. Fabriken sind zu erkennen. Wir gehen auf 20 Meter Höhe herunter. Unser Flugzeug beginnt über den Gebäuden unbarmherzig herumzutanzen. Letort steuert auf ein sehr kleines Feld zu, fast ein Gemüsegarten. Die Maschine ist schon beinahe auf dem Boden, als wir plötzlich vor uns einen verfallenen Schuppen sehen. Eine Katastrophe scheint unvermeidlich. Unser Flugzeug schießt genau auf diese Ruine zu. Aber Letort reißt im letzten Moment die Maschine hoch, und wir rutschen ganz knapp über das Hindernis hinweg ... Letort ging danach sogleich auf ein anderes Kleinfeld herunter. Und diesmal kamen wir wohlbehalten zu Boden.

Wenig später landeten wir um 7.10 in Köln. Eine tausendköpfige Menge umringte sehr bald unser Flugzeug; für das Publikum waren wir eine seltene Erscheinung. Kurz darauf erschien die Polizei, die das Flugzeug schützend absperrte und die Zuschauer zurückdrängte. Es dauerte nicht lange, da begannen sich dichter Regen und diesiger Nebel auszubreiten. Das vereitelte unsere Absicht, bald weiterzufliegen. Unser Aufenthalt in Köln dauerte zwei Tage.

26.7.13. – Köln: Um 11.50 starten wir. Ent-

Totgesagt – und dennoch erfolgreich

Nachdem Ljuba Galantschikowas Höhenflugweltrekord im November 1912 wie auch ihre Teilnahme am Fernflug Berlin – Paris im Juli 1913 in verschiedenen Ländern für dicke Überschriften gesorgt hatten, tauchte plötzlich eine Meldung auf, derzufolge sie schon lange nicht mehr lebte – und so gelangte sie unversehens in damalige »Todessturz-Statistiken«.

Demnach sei sie angeblich schon am 5. Mai 1912 in Riga aus 15 Metern Höhe tödlich abgestürzt, und zwar habe sie sich dabei Arm-, Bein- und Rippenbrüche zugezogen, und sie sei außerdem verbrannt. Die Ursache des Absturzes sei seitliches Abrutschen in einer Kurve gewesen, als der Wind das Flugzeug von der Seite traf. Es habe sich um einen Henry-Farman-Doppeldecker gehandelt, der beim Absturz völlig zertrümmert worden sei.

(Vergl. Neyen, E.: 1913 – Die Flugkunst am Scheidewege. Berlin 1913, S. 35 und 37)

setzlicher Nebeldunst. Wir haben kaum ausreichende Sicht.

11.55 Uhr: Unter uns ein kleines Dorf, kaum sichtbar die Eisenbahnstrecke. Ich hoffe, daß der Nebel verschwinden wird, aber er wird dichter und dichter. Das Flugzeug schaukelt sehr stark. Vor uns sind Berge zu erkennen, aber nach unten ist die Sicht beängstigend schlecht.

12.50 Uhr: Schrecklicher Regen. Weiter herunter können wir nicht. Vor uns Berge und Wald.

13.20 Uhr: Belgische Grenze. Wieder umgibt uns Nebeldunst, der die Sicht stark behindert.

13.25 Uhr: Kaum etwas zu sehen. Dichter Regen. Letort steigt auf 800 Meter. Es schüttelt uns fürchterlich.

13.45 Uhr: Letort gibt mir zu verstehen, daß wir bereits in Frankreich sind. Er ist so unbändig froh, in seiner Heimat zu sein, daß er die Marseillaise singt. Unter uns eine sehr schöne große Stadt und ein breiter Fluß. Vor uns liegen noch 200 Kilometer.

15.00 Uhr: Das Benzin geht zu Ende. Wir haben noch 25 Liter. Hoffentlich reicht es bis Paris.

15.15 Uhr: Vor uns kommt eine große Stadt näher. Ist das Paris? Nur noch 10 Liter Benzin haben wir jetzt. Da beginnt der Motor zu stottern. Letort drosselt ihn und verringert die Höhe. Unten ein Getreidefeld. Die Erde kommt immer näher. Das Flugzeug hat noch eine Höhe von 20 Metern. Wir nähern uns dem Boden. Überall auf dem Feld hochaufgerichtete Kornähren. Ich bereite mich auf die Landung vor und nehme vorsichtshalber die Schutzbrille ab. Das Flugzeug schaukelt noch einmal vor dem Aufsetzen. Dann liegen Letort und ich mit der Maschine unbeweglich am Boden. Es vergehen 10 Minuten, bis Arbeiter am Unfallort eintreffen und uns helfen. Sie sagen, daß wir noch 100 Kilometer von Paris entfernt sind.«[171]

So war es damals, das Fliegen. Aus der geplanten Eintagestour sind vier Tage geworden, und dann noch eine Notlandung kurz vor dem Ziel. Schließlich der Regen, der immer wieder auf die Luftreisenden in ihren offenen Sitzen eintrommelte und sie bis auf die Haut durchnäßte. Und der Nebel, der die Sicht nahm und die Orientierung während des Fluges zu einem besonderen Kunststück werden ließ. Es war nur kurzzeitig ein Vergnügen, überwiegend jedoch harte Arbeit. Die überschwengliche Begeisterung, mit der die Flieger von Paris die beiden Ankömmlinge wenig später empfingen, entschädigte sie vielleicht ein wenig für die Tortour dieses Fluges. Ljuba Galantschikowa wurde von den galanten Franzosen mit Blumen überschüttet. Herzliche Fliegerkameradschaft umgab sie.

Ein paar Monate später stand diese lapidare Meldung in der Zeitung: »Der französische Aviatiker Letort, der in diesem Jahr den Flug Paris – Berlin als erster ausführte, geriet in der Nähe von Bordeaux bei einem Absturz unter den Motor und wurde erdrückt.«[172] Noch vor dem Ende des Jahres 1913 kehrte Ljuba Galantschikowa nach Rußland zurück und unterschrieb einen Jahresvertrag als Werkpilotin einer Flugzeugwerkstätte, die sich in dem ukrainischen Ort Tscherwonoje befand. Vornehmlich bestand ihre Aufgabe darin, Flugzeuge für militärische Zwecke zu erproben.[173] Ganz gewiß war sie zu diesem Zeitpunkt die Frau mit den umfangreichsten internationalen fliegerischen Erfahrungen in Europa.

Jelena Pawlowna Samsonowa

In jenem Jahre, da die »Puschka« sich den neuen Anforderungen einer Testpilotin stellte, kam aus Moskau die vierte russische Fliegerin. Sie hatte

Jelena Samsonowa auf dem Pilotensitz eines Henry-Farman-Doppeldeckers (Moskau 1913)

Das französische Doppeldeckermuster, auf dem vor dem ersten Weltkrieg in Rußland sämtliche Motorfliegerinnen ihre Ausbildung erhielten

dort ihre Ausbildung auf einem Henry-Farman-Doppeldecker beendet und erhielt ihren Flugzeugführerschein Nr. 167 am 25. August 1913: die 25jährige Jelena Pawlowna Samsonowa.

Die erste Fliegerin, die aus Moskau kam, war technisch und sportlich vielseitig interessiert. Beispielsweise hatte sie kurz vor ihrer fliegerischen Prüfung an einem Geschwindigkeitsrennen teilgenommen, das der Moskauer Automobilklub veranstaltete. Sie belegte den dritten Platz. Bald danach schrieb ihr Fluglehrer, Lew Uspenskij, daß Jelena Samsonowa ihren Ausbildungsdoppeldecker schon nach wenigen Flügen sicher beherrscht habe.[174]

Sofia Alexandrowna Dolgorukaja

Als fünfte russische Motorfliegerin erhielt die im Jahre 1888 geborene Sofia Alexandrowna Dolgorukaja am 5. Juni 1914 in St. Petersburg ihren Flugzeugführerschein mit der Nummer 324.[175] Der bald darauf beginnende erste Weltkrieg mag der Grund dafür sein, daß sich weitere Informationen über ihre fliegerischen Aktivitäten ebenso wie ein zeitgenössisches Foto nicht finden ließen.

Bemerkenswert ist, daß sämtliche russischen Fliegerinnen jener frühen Jahre auf einem Original- oder Lizenzbau-Doppeldecker des Franzosen Farman ihren Weg in die Lüfte begonnen haben.

Spitzenleistungen
mit verbesserter Flugtechnik

Über die betrachteten Länder hinaus sind in der Frühzeit des Motorfluges nur noch vereinzelte Fliegerinnen in Erscheinung getreten: Lilly Steinschneider, die, wie übrigens auch Bozena Laglerova, von dem damals sehr bekannten österreichischen Flugpionier Karl Illner ausgebildet worden ist und daraufhin im Jahre 1912 ihren Flugzeugführerschein erhielt.[176] Und Rosina Ferrario, die als 25jährige im Jahre 1913 als erste italienische Frau ihren Flugzeugführerschein vom

Flugzeugführerausweis der ersten italienischen Pilotin, Rosina Ferrario

Lilly Steinschneider –
erste ungarische Flugzeugführerin

»Aero Club d'Italia« ausgehändigt bekam. Auch dies kennzeichnet auf besondere Weise die Fliegerei als »Männerdomäne«, denn bis zur Jahresmitte 1914 sind weltweit nur rund drei Dutzend Fliegerinnen ausgebildet worden – hingegen ungefähr 3000 Männer.

Als das Kriegsgemetzel 1914 bis 1918 endlich beendet war, kamen Frauen, die fliegen wollten, erneut auf die Flugplätze. Jetzt waren die Flugzeuge, von Exoten abgesehen, keine fliegenden Kisten mehr. Die Zeit des Werkelns gehörte der Vergangenheit an. Aerodynamisch verbesserte Formen, beanspruchungsfähige Baumaterialien, rationelle Fertigungstechniken, sicherheitsfördernde Instrumentenausrüstungen und fortschreitende Triebwerksleistungen markierten zunehmend die Kenn- und Gütezeichen des Flugzeugbaues. Die moderner werdende Flugtechnik brachte neue Anforderungen an die Piloten hervor und eröffnete auch den Frauen neue Möglichkeiten – wenngleich das Fliegen weiterhin ein mannesorientiertes Tätigkeitsfeld war. Durchsetzungsvermögen, skaliert von geduldiger Anpassung bis zu unbeirrbarer Standhaftigkeit, blieb eine ungeschriebene Bedingung für Fliegerinnen, das eigene Leistungsvermögen unter Beweis zu stellen. Und dies taten sie, knapp skizzierte exemplarische Beispiele belegen es, mit Anstand und Bravour.

Adrienne Bolland

Die erste Frau, die nach dem Kriegsende die öffentliche Diskussion über die leistungsbezogene Gleichberechtigung der Fliegerinnen nachhaltig beeinflußte, war die Französin Adrienne Bolland. Sie nahm Flugunterricht in der Pilotenschule der Caudron-Werke und erwarb ihre Flugzeugführerlizenz im Jahre 1920. Danach ist sie, wie es hieß, »eine hervorragende Kunstfliegerin« geworden.[177]

Es ist der Motorkunstflug nicht nur ein Aushängeschild des Sportfliegens in punkto Präzision und Attraktivität, sondern für den Kunstflieger auch eine besonders hohe physische und psychische Anstrengung. Und das um so mehr, je verspielter das Flugprogramm für den Zuschauer

*Adrienne Bolland (Frankreich) flog im Jahre 1924
in 73 Minuten 212 Loopings*

aussieht und er den Eindruck gewinnt, daß das Gravitationsgesetz überlistet worden sei. Die damit verbundenen Debatten über die Grenzen weiblicher Belastbarkeit im Fluge mochten für Adrienne Bolland ebenso unverständlich wie nervtötend gewesen sein, denn sie entschloß sich zu einem Flug ganz besonderer Art, der die Zweif-

ler ein für allemal verstummen lassen sollte. Im Mai des Jahres 1924 stieg sie mit einem Caudron-Kunstflugdoppeldecker auf und flog einen Looping nach dem anderen. Es wollte kein Ende nehmen: In 73 Flugminuten 212 Loopings! Danach landete sie, rollte ihr Flugzeug zum Hangar zurück – und hatte sich Respekt verschafft.

Es war im flugsportlichen Sinne kein Rekordflug gewesen, denn derartige Dauervorführungen einer Kunstflugfigur wurden von keinem Luftsportverband als Höchstleistungen registriert. Aber es war Adrienne Bollands Art der Klarstellung.

Schon drei Jahre zuvor hatte sie ein ähnliches Argument abgeliefert. Da war es um die Belastbarkeit einer Frau bei Höhenflügen gegangen. Es gelang ihr, die Caudron-Flugzeugbaufirma zu überreden, einen ihrer Doppeldecker nach Südamerika zu verschiffen, weil sie die Anden überfliegen wollte, das Hochgebirge zwischen Argentinien und Chile. Die Aufgabe war besonders schwierig, weil ihr Flugzeug für nur 4000 Meter Gipfelhöhe ausgelegt war, dagegen der niedrigste Andengipfel, wie ihr warnend mitgeteilt wurde, 4300 Meter Höhe maß. Dennoch schaffte sie es. Am 1. April 1921 startete sie nahe der argentinischen Stadt Mendoza. Je höher sie aufstieg, desto schwieriger wurde der Flug. Zehn anstrengende Flugstunden brauchte sie in der verdünnten und eiskalten Höhenluft für die Gebirgsüberquerung.[178] Dann landete sie erschöpft, aber unbeschadet, auf chilenischer Seite.

Elly Beinhorn

Besondere Ausdauer bewies die deutsche Pilotin Elly Beinhorn. Ihre fliegerischen Leistungen waren sehr vielseitig, doch bekannt wurde sie vor allem mit ihren zahlreichen und imposanten Langstreckenflügen. Am 30. Mai 1907 wurde sie

*Elly Beinhorn (Deutschland) tourte im Zeitraum 1931/32
mit dem Flugzeug rund um den Erdball*

flog sie mit einem Eindecker in Etappen über Budapest, Istanbul, Bagdad, Delhi, Rangoon, Bali bis Sydney an der Ostküste Australiens. Von dort fuhr sie per Schiff über den Stillen Ozean nach Chile, flog dann weiter bis zur argentinischen Hafenstadt Buenos Aires, reiste mit dem Schiff über den Südatlantik zurück nach Deutschland, rüstete ihr Flugzeug in Bremen wieder auf und kam auf dem Luftwege über Hannover nach Berlin zurück. Sieben Monate voller Abenteuer lagen hinter ihr, als sie im Juli 1932 ihre Tour beendete. Was für eine bewundernswerte fliegerische, navigatorische und organisatorische Leistung dieser jungen Frau! Über allen Kontinenten unseres Erdballs war sie geflogen. Die Schiffsrouten, für transozeanische Flüge war ihr Sportflugzeug ohnehin ungeeignet, waren eindrucksreiche und wohlverdiente Erholungspausen.

Zwei Jahre später war sie erneut unterwegs, diesmal rund um den afrikanischen Kontinent. Am 4. April 1933 startete sie früh um vier Uhr auf dem Flugplatz Staaken bei Berlin in einem Heinkel-Eindecker mit 80-PS-Hirth-Motor.[180] In Etappen verlief die Flugreise zunächst auf der Route Berlin – Istanbul – Aleppo – Kairo. Von dort flog Elly Beinhorn am Nil entlang über Khartum – Juba – Nairobi – Johannesburg nach Kapstadt, nur wenig oberhalb des südlichsten Afrikazipfels gelegen. Für eine eventuelle Notlandung in vielleicht einsamer Wüstenunendlichkeit hatte sie vorgesorgt und einen Trinkwassersack, Blechdosen mit Notverpflegung, eine kleine Reiseapotheke, Moskitonetz, Insektenpulver, eine Leuchtpistole und einen Handkompaß an Bord. Die Tankbehälter im Flugzeug konnten nicht mehr als 240 Liter Benzin aufnehmen. Das zwang von vornherein zur disziplinierten Einhaltung der geplanten Flugstrecken mitsamt den Zwischenlandungen zum Auftanken.

als einzige Tochter einer Kaufmannsfamilie in Hannover geboren.[179] Im Alter von 22 Jahren flog sie, wurde Motorkunstfliegerin, hatte Glück im Unglück bei einer Bruchlandung, denn ihr Flugzeug war nach dem allzu harten Aufsetzen ein Trümmerhaufen, sie aber kam glimpflich davon.

Schon zwei Jahre später, erst 24jährig, nahm sie ein gewaltiges Langstreckenflugprogramm auf sich – denn im Dezember 1931 startete sie zu einer Flug-Schiff-Reise um die Welt. Von Berlin

In Kapstadt legte die Fliegerin eine einwöchige Erholungspause ein, dann flog sie in Etappen zurück, diesmal längs der afrikanischen Westküste. So gelangte sie nach Marokko, flog an der algerischen Nordküste entlang und landete in Tunis. Von dort flog sie, der Einfachheit halber, einem französischen Verkehrsflugzeug bis Sardinien hinterher und verließ über der Insel den Kurs des Passagierflugzeuges, dessen Besatzung sie auf kurzem Wege über das Mittelmeer gelotst hatte. Über das Thyrrhenische Meer gelangte sie bis Rom und hatte dort wieder europäischen Boden unter den Füßen. Der letzte Abschnitt der Flugreise führte sie über Italien und die Alpen hinweg zuerst nach Chemnitz, wo sie letztmalig nachtankte. Wenig später landete sie auf dem Berliner Flughafen Tempelhof. Sofort wurde sie von zahlreichen Flugbegeisterten umringt, die ihr weitaus mehr Blumen überreichten, als sie in ihren Armen halten konnte. Erneut hatte sie einen ausgiebigen Langstreckenflug erfolgreich abgeschlossen und galt nun in ihrer Zeit als jene Pilotin, die am weitesten »in der Welt herumgekommen« war.

Im Jahre 1936 heiratete Elly Beinhorn den international bekannten Autorennfahrer Bernd Rosemeyer. Dieser verunglückte tödlich am 28. Januar 1938 bei einem Versuch, den Geschwindigkeitsweltrekord zu brechen.[181]

Amelia Earhart

Am 24. Juli 1898 wurde in Atchinson (US-Bundesstaat Kansas) Amelia Earhart geboren, die später eine berühmte Fliegerin werden sollte. Im Jahre 1916 absolvierte sie eine Oberschule in Chicago, studierte im Jahre 1919 zwei Semester Medizin an der New Yorker Columbia-Universität, arbeitete zeitweilig als Sanitätsschwester in Kanada und als Sozialhelferin in Boston. Dann lernte sie

fliegen und begann damit eine aufsehenerregende Pilotinnenlaufbahn.

Für Luftakrobatik zeigte Amelia Earhart wenig Interesse, aber auf langen Strecken flog sie von Erfolg zu Erfolg. Dafür fand sie auch einen großzügigen Förderer, den erfolgreichen New Yorker Verleger und Millionär George Palmer Putnam – den sie im Jahre 1931 heiratete.

Dann kam ihr ganz großer Tag. Am 20. Mai 1932 um 19.12 Uhr startete sie mit einem Kabinenschulterdecker des Musters Lockheed Vega 5B, ausgerüstet mit einem 450-PS-Triebwerk und mit randvoll gefüllten Tanks, in Harbor Grace auf Neufundland zum nächtlichen Allein-Nonstop-Flug nach Europa. Dutzende von Flugstunden hatte sie vorbereitend allein für das Instrumenten-Blindflugtraining genutzt, wissend, daß es über dem Ozean ohnehin sinnlos ist, wegesuchend aus dem Cockpit zu schauen, denn das Meer bietet keine Orientierungshilfen.

Der Flug wurde schwierig, denn schon bald nach dem Start fiel der Höhenmesser aus. Dann geriet die Fliegerin in eine Gewitterfront, der sie nach oben auswich, dort aber traf sie auf eisige Kälte, die das Flugzeug mit einer Eisschicht überzog und den Geschwindigkeitsmesser blockierte. Also ging sie wieder herunter, in mildere Luftschichten. Plötzlich verlor sie ein Auspuffrohr – die Flammen knatterten grell sichtbar aus dem Motor, doch glücklicherweise sah das nur besorgniserregend aus, weil es Nacht war. Nach zehn Flugstunden wurde es wieder heller um sie. Einen Dampfer konnte sie unter sich erkennen, dann frühstückte sie, leerte mit einem Strohhalm die Tomatensaftdose, die sie als einzige Verpflegungsration mitgenommen hatte. Schließlich sah sie eine Küste am Horizont, flog darauf zu und landete nach insgesamt 15 Flugstunden bei Londonderry in Nordirland.

Amelia Earhart (USA) überquerte im Jahre 1932 im Allein-Nonstop-Flug den Nordatlantik

Als erste Pilotin, die allein den Nordatlantik in der West-Ost-Richtung überquert hatte, trug sich Amelia Earhart in die Liste der Pioniertaten der Luftgeschichte ein. Die amerikanische Presse bezeichnete sie fortan als »Tochter des Himmels«. Als Heldin wurde sie gefeiert, und das war wohl verdient. Sie hatte demonstriert, daß Frauen in der Luft das gleiche wie die Männer zu leisten imstande sind. Energisch trat sie dann auch öffentlich in Interviews, Vorträgen und Publikationen für die vollständige Gleichstellung von Männern und Frauen ein, und dies nicht nur im Flugwesen.

Zu ihrem letzten Langstreckenflug startete Amelia Earhard, gemeinsam mit Fred Nooman als Navigator, am 21. Mai 1937. Eine Etappentour um die Erde war geplant. Der Flug begann in Oakland, einer Hafenstadt am Stillen Ozean im US-Bundesstaat Kalifornien. Nach 30 Flugtagen mit einem kleinen zweimotorigen Passagierflugzeug der Firma Lockheed befanden sie sich in Neuguinea und hatten bereits rund 35 000 Kilometer hinter sich gebracht. Am 2. Juli 1937 nahmen sie wieder Kurs in Richtung Oakland, wo der Erdumflug abgeschlossen werden sollte. Ein Kutter hatte an diesem Tage den letzten Funkkontakt mit Amelia Earhart. Seither sind die Pilotin, ihr Navigator und das Flugzeug verschollen.

Liesel Bach
Als meisterhafte Motorkunstfliegerin ist die Deutsche Liesel Bach international bekannt geworden. Am 14. Juni 1905 wurde sie in Bonn geboren. In Köln begann ihre Entwicklung als Fliegerin, und zwar auf einem Klemm-Eindecker. Nachdem sie ihren Flugzeugführerschein erhalten hatte, wandte sie sich dem Kunstflugtraining zu: Turn, Looping, Rolle – gesteuert und ungesteuert, Rückenflugkreis, Sturzflug, Trudeln... Im

Mai 1930 feierte sie ihren ersten Erfolg, denn da wurde sie die deutsche Kunstflugmeisterin. Mit Blumensträußen und Blumenkörben ist sie überhäuft worden. »Die Zeitungen brachten Bilder und spaltenlange Artikel über die fliegenden Frauen. Tatsache war, daß man allseitig überrascht war über das große Können und das Ergebnis des 'schwachen' Geschlechts.«[182] Sogleich

Liesel Bach (Deutschland) wurde im Jahre 1934 Europameisterin im Motorkunstflug der Damen

kamen Einladungen zu Flugveranstaltungen, darunter aus Luxemburg, Berlin-Tempelhof und Mailand in Italien. Den Vorführungsreisen folgten Streckenflüge und Höhenflüge – und immer wieder Kunstflugtraining. Neue Flugfiguren kamen hinzu und bereicherten ihr Programm.

Im Jahre 1934 wurde Liesel Bach zur Europa-Kunstflugmeisterschaft der Damen nach Paris eingeladen. Der 29. April war der Wettkampftag. Er stand schon nach den ersten Starts im Zeichen des direkten flugsportlichen Vergleichs zwischen der deutschen und der französischen Landesmeisterin – Hélène Boucher. Beide boten mit ausgefeilten Flugprogrammen ihr ganzes Können auf. Dann teilte die internationale Jury das Ergebnis mit: Beste der Pflichtfigurenflüge war die Französin; Überragende des Kürprogramms die Deutsche. In der Addition zur Gesamtwertung hatte Liesel Bach die höchste Punktzahl erreicht und war damit Europameisterin im Motorkunstflug. Die französische Presse fand anerkennende Worte für Bach und tröstende für Boucher. Deutsche Zeitungen machten aus Liesel Bachs Erfolg einen Sieg Deutschlands über Frankreich.

Wenn an dieser Stelle einmal davon abgesehen wird, daß die deutsche und europäische Meisterin ihres Metiers, wie andere leistungspotente Persönlichkeiten jener Jahre auch, in den Folgejahren von den braunen Machthabern in Deutschland für nationalistische und parteipolitische Propaganda benutzt worden ist – was in einem bislang weitgehend gemiedenen Thema als zweckbestimmte Instrumentalisierung von Spitzenleistungen gesondert zu untersuchen wäre –, bleibt gerechterweise festzuhalten, daß Liesel Bach unter den Gegebenheiten ihrer Zeit und mit ihrem fliegerischen Können zum Ansehen der Frauen im Motorflug wesentlich beigetragen hat.

Hélène Boucher

Zu den unerschrockensten Pilotinnen ihrer Zeit gehörte die Französin Hélène Boucher, geboren im Jahre 1908 in Paris als Tochter eines Architekten. Ihren Flugzeugführerschein erwarb sie im Jahre 1931, und sie bevorzugte, wie ihre Landsmännin Adrienne Bolland, die leistungsfähigen Flugzeuge der Firma Caudron. Sie stand, wie französische Zeitungen schrieben, »in der vordersten Reihe der französischen Sportflieger«, weil sie mit ihren flugakrobatischen Vorführungen Zehntausende von Zuschauern bei Flugveranstaltungen in helle Begeisterung versetzte. Dem Motorkunstflug mit seinen vielfältigen Möglichkeiten fliegerischer Bewährung hatte sich Hélène Boucher verschrieben, und so wurde sie bald die französische Landesmeisterin in dieser anspruchsvollen Flugsportart. Während der Europameisterschaft der Motorkunstfliegerinnen des Jahres 1934 traf sie im Wettkampf auf die Deutsche Liesel Bach, unterlag ihr in der Gesamtwertung und wurde Vizeeuropameisterin.

An Schnelligkeit und Beschleunigungen infolge ihrer Kunstflugerfahrungen ohnehin gewöhnt, wandte sich Hélène Boucher in den folgenden Jahren auch dem Geschwindigkeitsfliegen zu. Mit einem Caudron-Rennflugzeug, ausgestattet mit einem 210-PS-Triebwerk, griff sie im August 1934 die Geschwindigkeitsweltrekorde an und markierte die neuen Höchstleistungen mit ihrem Namen. Sie durchflog die Meßstrecken von 100 Kilometern (428,25 km/h), von 500 Kilometern (412,37 km/h) und 1000 Kilometern (409,18 km/h). Als sie dann auch noch die Kurzstrecke von 5000 Metern mit einer Geschwindigkeit von 445,28 Stundenkilometern durchrast hatte, war sie binnen vier Tagen die Inhaberin von vier Weltbestleistungen im Geschwindigkeitsflug der Damen, aufgestellt vom 8. bis 11.

Hélène Boucher (Frankreich) war im Jahre 1934 die schnellste Frau der Welt

August 1934. Damit war sie, die Zeitungen meldeten es in dicken Lettern, »die schnellste Frau der Welt«.

Doch dann, alle Freunde des Fliegens, die davon erfuhren, waren betroffen und bestürzt, ereilte sie im Alter von 26 Jahren der Fliegertod. Bei einem »ganz gewöhnlichen Übungsflug« stürzte Hélène Boucher am Abend des 30. November 1934 über einem Waldgebiet nahe dem Flugplatz Guyancourt bei Paris tödlich ab.[183] Frankreich trauerte um eine hoffnungsvolle Fliegerin. Am Tage ihrer Beisetzung wurde sie postum mit dem Kreuz der Ehrenlegion gewürdigt.

Jean Batten

Die neuseeländische Fliegerin Jean Batten wurde vor allem als erfolgreiche Ozeanfliegerin bekannt. Am 15. September 1909 wurde sie geboren[184] und wuchs in Rotura auf einer Insel Neuseelands auf. Fliegen wollte sie schon seit ihrer Jugendzeit. Im Jahre 1929 reiste sie mit ihrer Mutter nach London und wurde auf dem nahegelegenen Flugplatz Stag Lane alsbald Mitglied eines Fliegerklubs. Sie begann ihre Ausbildung, erwarb im Jahre 1930 ihren Flugzeugführerschein, vertiefte sich zudem in die Tätigkeiten eines Flugmechanikers, lernte es, einen Flugmotor auseinanderzunehmen und wieder zusammenzusetzen, beschäftigte sich mit der Navigation und der Meteorologie – denn sie wollte lange Strecken fliegen, möglichst sogleich von England nach Australien. Dazu nahm sie auch einen Anlauf nach dem anderen, aber sie scheiterten alle.

Nachdem Jean Batten mehrere Langstreckenflüge über Land gelungen waren, mit denen sie bekannt wurde, traf sie erneute Vorbereitungen für einen transozeanischen Flug, den sie von Westafrika aus über den Südatlantik hinweg nach Brasilien unternehmen wollte.

Jean Batten (Neuseeland) überflog im Jahre 1935
allein und nonstop den Südatlantik

An ihrem 26. Geburtstag übernahm Jean Batten einen neuen einmotorigen Eindecker des englischen Baumusters Percival Gull Six. Es war eine sportliche Reiseflugzeugkonstruktion mit drei Sitzen in geschlossener Kabine und mit großen Treibstofftanks, ausreichend für Flüge größerer Reichweite bis zu etwa 3200 Kilometern. Sie taufte das Flugzeug auf ihren Vornamen »Jean« und startete nach sorgfältigen Vorbereitungen am 11. November 1935 um 6.35 Uhr auf dem Flugplatz Lympne an der englischen Kanalküste zur Tour über Frankreich und Spanien nach Casablanca in Marokko. Dort traf sie nach rund zehn Flugstunden um 16.35 Uhr ein. Noch am selben Tage flog sie weiter und kam bei Sonnenuntergang in der senegalesischen Stadt Thiès bei Dakar an. Ohne Zeitverzug begann sie sogleich mit der Kontrolldurchsicht ihres 200-PS-Motors und achtete sodann mit größter Genauigkeit darauf, daß beim Tanken jeder Tropfen des Flugbenzins durch ein Chamoisleder gefiltert[185] und damit auch jede Spur einer Kraftstoffverunreinigung zurückgehalten wurde.

So gerüstet nahm Jean Batten die schwerste Flugetappe in Angriff: Kurs auf Natal in Brasilien. Unterwegs geriet sie in wechselnde Wetterlagen. Wärmendem Sonnenschein folgte langanhaltender Regen. Zeitweise flog die Pilotin ohne Sicht, geriet sogar in einen Sturm – aber hielt exakt ihren Kurs. Erstklassig war ihre Navigation, wie sich herausstellte, denn nach zwölfeinhalb Flugstunden erreichte sie die brasilianische Ostküste nur knapp 100 Kilometer oberhalb ihres Zielortes und landete bei der Hafenstadt Natal 45 Minuten später. Eine fliegerische Sensation war perfekt. Erstmals hatte eine Frau den Südatlantik allein und nonstop in der Ost-West-Richtung überflogen. In einer Rekordzeit, die kein Mann vor ihr erreicht hatte.

Beate Uhse

Am 25. Oktober 1919 wurde Beate Köstlin im elterlichen Gutshaus Wargenin bei Cranz im damaligen Ostpreußen geboren. Eine sorgenfreie Kindheit folgte, alle Wege standen der Heranwachsenden offen, im Alter von 17 Jahren auch der Weg in die Lüfte.

In Rangsdorf, südlich von Berlin, war im Zusammenhang mit den Olympischen Spielen des Jahres 1936 ein modernes Sportflugzentrum eröffnet worden,[186] das auf die Flugbegeisterten eine große Anziehungskraft ausübte. So auch auf Beate Köstlin, denn sie wurde dort Flugschülerin. Nach 213 Ausbildungsstarts, den vorgeschriebenen Zielanflügen, einem Höhenflug und einem 300-Kilometer-Überlandflug erhielt sie den »Luftfahrerschein für Flugzeugführer« Nr. 1772, ausgestellt am 21. Oktober 1937, wenige Tage vor ihrem 18. Geburtstag. Schon ein Jahr danach erflog sie den ersten Platz in der Damenwertung beim »Deutschen Zuverlässigkeitsflug«, der vom 2. bis 7. Juli 1938 auf der Strecke Rangsdorf – Magdeburg – Hamburg – Wyk auf Föhr ausgetragen wurde. Zwölf Mitbewerberinnen hatte sie hinter sich gelassen. Noch im selben Jahr nahm sie in Belgien an einer Luftrallye teil und trug in ihrer Klasse den Sieg davon. Doch dann wurde in Deutschland das Sportfliegen rigoros zurückgeschaltet, und so wurde sie Werkpilotin und Einfliegerin der »Bücker Flugzeug GmbH.« in Rangsdorf. Nagelneue Bücker-Sportflugzeuge für den Export und Schulflugzeuge brachte sie zum Jungfernflug in die Luft, überprüfte Geschwindigkeit, Drehzahl, Öldruck, Querrudereinstellung, Trimmung und Kraftstoffverbrauch.[187]

Erst 19 Jahre war die Rangsdorfer Einfliegerin jung! Noch im selben Jahre 1938 wechselte sie für die gleiche Tätigkeit zum »Flugzeugreparaturwerk Alfred Friedrich« in Strausberg bei Berlin, wo Flugzeuge des französischen Musters Morane gebaut wurden und monatlich etwa 45 Neuanfertigungen einzufliegen waren. Sie tat es mit der ihr eigenen Genauigkeit. Zwischendurch doubelte sie René Deltgen bei einem Filmstart, dann Hans Albers.[188] Das Fliegen wurde der jungen Pilotin zur ungetrübten Freude. Als 20jährige heiratete sie ihren früheren Kunstfluglehrer Hans-Jürgen Uhse und glaubte damals noch, daß

Beate Uhse (Deutschland) wurde im Jahre 1938 die jüngste Berufspilotin und Einfliegerin

ihr erfüllter Traum von Fliegen endlos sei; doch wandelte sich dieser allmählich zum Trauma, denn es hatte der Krieg begonnen. Beate Uhse empfand ihn als »unheimlich, beängstigend und bedrohlich«, und sie hatte recht damit. Vier Jahre später war sie Kriegswitwe. Piloten wurden immer knapper.

Ihr Beruf wurde als »kriegswichtig« eingestuft. Als in Berlin dann auch noch der »totale Krieg« verkündet wurde, der aber das katastrophale Ende nicht einmal hinauszögern konnte, »auch wenn Propaganda und Durchhalteparolen davon abzulenken versuchten«, kam Beate Uhse, wie sie beschrieb, »zur 2. Staffel des 1. Überführungsgeschwaders Mitte, Berlin-Tempelhof. Hier transportierte ich Stuka Ju 87, Focke Wulf 190 ... und die Messerschmitt Bf 190«.

Von den Herstellerwerken und Reparaturwerften im Umkreis von Berlin wurden Flugzeuge zu den Einsatzorten in Zentraleuropa überführt.[189] Schon bald waren diese Überführungsflüge »gefährliche Kommandos geworden«. Sie flog so tief es ging, oft unter Baumwipfelhöhe, um von englischen »Spitfire«-Jägern, die längst über Deutschland kreisten, nicht entdeckt zu werden. Und dann die Notlandungen, wenn plötzlich ein Defekt auftrat. So etwas passierte ihr mit einer Focke Wulf 190 in Stendal. »Die gesamte Elektrik war ausgefallen, und ich war gezwungen, mit ausgefahrenem Fahrwerk ohne Landeklappen auf dem dafür viel zu kurzen Flugplatz herunterzukommen. Die Maschine schoß über die Landebahn hinaus, überschlug sich im angrenzenden Kartoffelfeld, wo sie auf dem Rücken liegend zirka 20 Meter die Erde pflügte. Außer ein paar gebrochenen Rippen und stark blutenden Gesichtsverletzungen, der üblichen Gehirnerschütterung, war alles gut gegangen.«

Am 30. April 1945 landete Beate Uhse mit einem kleinen zweimotorigen Reiseflugzeug der Siebel-Werke in Leck, unweit der dänischen Grenze. Mit der britischen Kriegsgefangenschaft endeten ihre ungewöhnlichen acht Berufsfliegerinnenjahre, die gänzlich anders verlaufen waren, als sie es sich bei der Sportfliegerausbildung in Rangsdorf noch vorgestellt hatte. Sie war glücklich darüber, daß sie diesen Krieg überleben konnte.

Das Fliegen hat Beate Uhse nicht aufgegeben, aber den Fliegerberuf. Dennoch ist ihr Name heute weitreichender bekannt als damals.

Jackie Cochran

Jede Zeit, jeder territoriale Raum und jede soziale Lebenssituation halten, wie man weiß, andersgeartete Möglichkeiten und Grenzen der Persönlichkeitsentwicklung bereit. Als die Deutsche Beate Uhse infolge der raschen Zurückdrängung des Sportfluges in ihrem Lande eben noch auf die Tätigkeit als Werkpilotin ausweichen konnte, um Fliegerin bleiben zu können, jagte die amerikanische Pilotin Jackie Cochran bei Fluggeschwindigkeitsrennen unbekümmert flugsportlichen Erfolgen nach.

Ihren eigenen Angaben zufolge wurde Jacqueline (stets Jackie genannt) Cochran vermutlich – so ganz genau wußte sie es nicht mitzuteilen – im Jahre 1912 in einer heruntergekommenen Sägewerkssiedlung im Norden Floridas geboren, verlor frühzeitig ihre Eltern und wuchs seit ihrem achten Lebensjahr bei Pflegeeltern auf.[190] Seither schlug sie sich durchs Leben und sparte eisern, was sie verdiente. Das brauchte sie nicht mehr, als sie im Jahre 1932 den Dollarmillionär Floyd B. Odlum kennenlernte. Monate später wurde sie Flugelevin auf Long Island an der Ostküste der USA, kaufte sich danach ein Gebrauchtflugzeug und galt seit dem Jahre 1933 als

Jackie Cochran (USA) flog im Jahre 1938 den amerikanischen Männern davon

Berufspilotin. Nachdem der Amerikaner Vincent Bendix einen Preis für Luftrennen gestiftet hatte, die alljährlich als Geschwindigkeitsstreckenflüge in den USA ausgetragen werden sollten, beteiligte sich Jackie Cochran an den Rennen der Jahre 1935 und 1936 erfolglos. Aber ein Jahr später begann ihre Erfolgsserie, denn sie stellte einen Geschwindigkeitsrekord nach dem anderen auf und gelangte beim 1937er Bendix-Rennen schon auf den dritten Platz.

Dann kam das Bendix-Rennen des Jahres 1938 heran. Zehn Wettbewerber starteten nacheinander am Morgen des 3. September in Burbank. Die einzige Frau im Teilnehmerfeld war Jackie Cochran. Ihr Flugzeug war das neueste Versuchsmuster der Seversky AP-7 mit 1200-PS-Motor und Zusatztanks in den Tragflächen. Jackie ging in der ausgelosten Reihenfolge als Dritte an den Start und landete nach problemlosem Flug und wenig über acht Flugstunden als Erste auf dem 3286 Kilometer entfernten Zielflughafen in Cleveland. Die durchschnittliche Fluggeschwindigkeit betrug rund 400 Stundenkilometer. Es war der Sieg; 12 500 Dollar betrug die Siegesprämie. Die amerikanische Fachwelt war überwiegend schockiert. Neun Männern war diese Frau buchstäblich davongeflogen. Man wollte es kaum glauben. Einige der Unterlegenen erwiesen sich dann auch als gar zu schlechte Verlierer und nährten das Gerücht, Jackie Cochrans Flugzeug sei heimlich von einem Mann geflogen worden. Doch die amerikanische Lady ließ sich nicht beirren und flog in den folgenden Jahren weitere Best- und Höchstleistungen.

Und doch – bei aller Unterschiedlichkeit gab es auch eine Gemeinsamkeit mit der zeitgleichen fliegerischen Tätigkeit Beate Uhses. Nämlich das Überführungsfliegen für militärische Zwecke. Im Juni 1941 übernahm Jackie Cochran erstmals in Kanada ein amerikanisches Bombenflugzeug, flog es über den Atlantik nach England und lieferte es dort für den Einsatz gegen Deutschland ab.

Anlagen

Erste Fliegerinnen in der chronologischen Folge registrierter Flugaktivitäten

Lfd.	Name	Land	Bemerkungen
1	Thérèse Peltier	Frankreich	erste Motorflugpassagierin
2	Käthe Paulus	Deutschland	erste deutsche Motorflugschülerin
3	Lilian Bland	Großbritann.	welterste Flugzeugbauerin
4	Bessica Raiche	USA	welterste Gleitfliegerin
5	Raymonde de Laroche	Frankreich	welterste Motorflugpilotin
6	Hélène Dutrieu	Belgien	erste belgische Motorflugpilotin
7	Blanche S. Scott	USA	erste amerikanische Motorfliegerin
8	Katharina Wright	USA	amerikanische Motorfliegerin
9	Marthe Niel	Frankreich	französische Motorflugpilotin
10	Marie Marvinght	Frankreich	französische Motorflugpilotin
11	Jane Herveu	Frankreich	französische Motorflugpilotin
12	Louise Driancourt	Frankreich	französische Motorflugpilotin
13	Lydia W. Swerjowa	Rußland	erste russische Motorflugpilotin
14	Harriet Quimby	USA	erste amerikanische Motorflugpilotin
15	Matilde Moisant	USA	amerikanische Motorflugpilotin
16	Hilda Hewlett	Großbritann.	erste britische Motorflugpilotin
17	Melli Beese	Deutschland	erste deutsche Motorflugpilotin
18	Jane Wright (Denise Moore)	Algerien	französische Motorflugschülerin
19	Jeldoika W. Anatra	Rußland	russische Motorflugpilotin

Lfd.	Name	Land	Bemerkungen
20	Bozena Laglerova	Tschechei	erste österreichische Motorflugpilotin/ zweite deutsche Motorflugpilotin
21	Ljubow A. Galantschikowa	Rußland	russische Motorflugpilotin
22	Suzanne Bernard	Frankreich	französische Motorflugschülerin
23	Lilly Steinschneider	Ungarn	zweite österreichische Motorflugpilotin
24	Jewgenia M. Schachowskaja	Rußland	dritte deutsche Motorflugpilotin
25	Charlotte Möhring	Deutschland	vierte deutsche Motorflugpilotin
26	Edith Spencer-Kavanaugh	Großbritann.	britische Motorflugpilotin
27	Mrs. Franck	Großbritann.	britische Motorflugpilotin
28	Jeanne Pallier	Frankreich	französische Motorflugpilotin
29	Frl. Aboukaja	Japan	japanische Motorfliegerin
30	Ruth Law	USA	amerikanische Motorflugpilotin
31	Katharine Stinson	USA	amerikanische Motorflugpilotin
32	Rosina Ferrario	Italien	erste italienische Motorflugpilotin
33	Mme. Richer	Frankreich	französische Motorflugpilotin
34	Martha Behrbom	Deutschland	fünfte deutsche Motorflugpilotin
35	Jelena P. Samsonowa	Rußland	russische Motorflugpilotin
36	Sofia A. Dolgorukaja	Rußland	russische Motorflugpilotin
37	Else Haugk	Schweiz	sechste deutsche Motorflugpilotin
38	Majorie Stinson	USA	amerikanische Motorflugpilotin

Anmerkung zu Unterscheidungen in dieser Tabelle:
- Pilotin: mit Flugzeugführerschein
- Fliegerin: ohne Flugzeugführerschein

Quellenverzeichnis

1 Bergius, C. C.: Die Straße der Piloten im Bild. Bertelsmann Sachbuchverlag Reinhard Mohn.Gütersloh 1969, S. 16

2 Soldan, W. G.; Heppe, H.: Geschichte der Hexenprozesse. Nachdruck der 3. Aufl. aus dem Jahre 1911. Verlag Müller & Kiepenheuer. Hanau/M., o. J., Bd. I, S. 246 f.

3 Stoffregen-Büller, M.: Himmelsfahrten. Die Anfänge der Aeronautik. Physik-Verlag GmbH. Weinheim 1983 - Zeittafel

4 Bergius, C. C.: A.a.O., S. 38

5 Landschaftsverband Westfalen-Lippe, Westfälisches Landesmuseum für Kunst und Kulturgeschichte Münster (Hrsg.): Leichter als Luft. Zur Geschichte der Ballonfahrt. O. J., S. 285

6 Braunbeck, G. (Hrsg.): Braunbeck's Sport-Lexikon. Ausgabe 1912-1913. Verlag Gustav Braunbeck, Berlin 1912, S. 335 (fortan als »Lexikon 1912« aufgeführt)

7 Schmitt, G.; Schwipps, W.: 20 Kapitel frühe Luftfahrt. transpress Verlagsgesellschaft mbH., Berlin 1990, S. 9

8 Buch, H.; Strüber, D.: Abenteuer Fallschirmspringen. transpress VEB Verlag für Verkehrswesen, Berlin 1973, S. 24; vergl. auch - Fürst, A.: Das Weltreich der Technik. Entwicklung und Gegenwart. Dritter Band/Zweiter Teil: Der Verkehr in der Luft. Verlag Ullstein, Berlin 1926, S. 351; vergl. ferner - Braunbeck, G. (Hrsg.): Lexikon 1912. A.a.O., S. 134

9 Jackson, D. D.: Die Ballonfahrer. Time-Life Books B.V., Amsterdam 1981, S. 52

10 Hoernes, H. (Hrsg.): Buch des Fluges. III. Band. Verlag Georg Szelinski, Wien 1912, S. 336

11 Braunbeck, G. (Hrsg.): Lexikon 1912, S. 26

12 Vergl. Rasch, F. (Hrsg.): Jahrbuch des Deutschen Luftfahrer-Verbandes 1913. Berlin 1913, S. 85 ff.

13 Vergl. Pfister, G.: Fliegen – ihr Leben. Die ersten Pilotinnen. Orlanda Frauenverlag, Berlin 1989, S. 79; vergl. auch - Wachtel, J.: Die Aviatiker oder Die tollkühnen Pioniere des Motorfluges. Mosaik Verlag, München 1978, S. 94

14 Moolman, V.: Frauen in der Luft. Time-Life Books B.V., Amsterdam 1982, S. 15

15 Ebenda

16 Braunbeck, G. (Hrsg.): Lexikon 1912, S. 235

17 Pfister, G.: A.a.O., S. 42

18 Vergl. Vorreiter, A. (Hrsg.): Jahrbuch über die Fortschritte auf allen Gebieten der Luftschiffahrt 1911. J. F. Lehmanns Verlag, München 1910, S. 138 f. (fortan als »Jahrbuch 1911« aufgeführt)

19 Vergl. Schmitt, G.: Fliegende Kisten von Kitty Hawk bis Kiew. Eine internationale Übersicht der Anfänge des Motorfluges. transpress VEB Verlag für Verkehrswesen, Berlin 1985/1990, S. 159

20 Ebenda, S. 160

21 Ferber, F.: Die Kunst zu fliegen, ihre Anfänge – ihre Entwickelung. Verlag Richard Carl Schmidt & Co., Berlin 1910, S. 16

22 Braunbeck, G. (Hrsg.): Lexikon 1912, S. 235

23 Ebenda; vergl. auch - Pfister, G.: A.a.O., S. 79

24 Vorreiter, A. (Hrsg.): Jahrbuch 1911, S. 388

25 Schmitt, G.: Fliegende Kisten von Kitty Hawk bis Kiew ... A.a.O., S. 139

26 Vorreiter, A. (Hrsg.): Jahrbuch 1911, S. 134f., Tab. X

27 Moolman, V.: A.a.O., S. 16

28 Braunbeck, G. (Hrsg.): Lexikon 1912, S. 114; vergl. auch - Vorreiter A. (Hrsg.): Jahrbuch der Luftfahrt/II. Jahrgang 1912. J. F. Lehmanns Verlag, München 1912 (fortan als »Jahrbuch 1912« aufgeführt)

29 Braunbeck, G. (Hrsg.): Lexikon 1912, S. 98

30 Ebenda, S. 689

31 Braunbeck, G. (Hrsg.): Braunbeck's Sport-Lexikon, Ausgabe 1911-1912. Verlag Gustav Braunbeck, Berlin 1911, S. 114 (fortan als »Lexikon 1911« aufgeführt)

32 VIE DU GRAND AIR. Paris, 6. Dezember 1913, S. 1

33 Vergl. Burda, F. (Hrsg.): Fünfzig Jahre Motorflug. Burda Verlag, Offenburg/Baden, S. 33; vergl. auch - Pfister, G.: A.a.O., S. 80

34 »Flugsport«, Nr. 16/1919, S. 532

35 Schmitt, G.: Fliegende Kisten von Kitty Hawk bis Kiew ... A.a.O., S. 41

36 Braunbeck, G. (Hrsg.): Lexikon 1911, S. 95; Lexikon 1912, S. 98

37 Moolman, V.: A.a.O., S. 17

38 Braunbeck, G. (Hrsg.): Lexikon 1911, S. 118

39 Vorreiter, A. (Hrsg.): Jahrbuch 1912, S. 473, 477 f., 558

40 Stiasny-Archiv: Zeitungsausschnitt-sammlung. Museum für Verkehr und Technik, Berlin

41 Ebenda

42 Vergl. Moolman, V.: A.a.O., S. 17

43 Braunbeck, G. (Hrsg.): Lexikon 1912, S. 291; vergl. auch Lexikon 1911, S. 124

44 Braunbeck, G. (Hrsg.): Lexikon 1912, S. 262; vergl. auch - Pfister, G.: A.a.O., S. 72

45 Braunbeck, G. (Hrsg.): Lexikon 1912, S. 262; vergl. auch - Vorreiter, A. (Hrsg.): Jahrbuch 1911, S. 439

46 Braunbeck, G. (Hrsg.): Lexikon 1912, S. 262

47 Schmitt, G.: Als die Oldtimer flogen. Die Geschichte des Flugplatzes Berlin-Johannisthal. transpress VEB Verlag für Verkehrswesen, Berlin 1980/1987, S. 20 f.; vergl. auch - Supf, P.: Das Buch der deutschen Fluggeschichte. Band I. Verlagsanstalt Hermann Klemm A. G., Berlin-Grunewald o. J., S. 267 f.

48 Braunbeck, G. (Hrsg.): Lexikon 1911, S. 124

49 Vorreiter, A. (Hrsg.): Jahrbuch 1911, S. 473

50 Vergl. Pfister, G.: A.a.O., S. 72

51 Schmitt, G.: Fliegende Kisten von Kitty Hawk bis Kiew ... A.a.O., S. 62 ff.

52 Braunbeck, G. (Hrsg.): Lexikon 1912, S. 178

53 Pfister, G.: A.a.O., S. 45

54 »Flugsport«, Nr. 21/1911, S. 746

55 Norden, A.: Flügel am Horizont. Im Deutschen Verlag, Berlin 1939, S. 203

56 Vorreiter, A. (Hrsg.): Jahrbuch 1912, S. 568 f.: Tabelle XXVII

57 Stiasny-Archiv: Zeitungsausschnitt-sammlung. A.a.O.

58 Vorreiter, A. (Hrsg.): Jahrbuch 1912, S. 624 f., 567

59 Stiasny-Archiv: Zeitungsausschnitt-sammlung. A.a.O.

60 Hoernes, H. (Hrsg.): Buch des Fluges. III. Band. A.a.O., S. 386

61 Vergl. Braunbeck, G. (Hrsg.): Lexikon 1912, S. 38

62 Norden, A.: A.a.O., S. 320

63 »Berliner Lokal-Anzeiger«, 17. März 1912

64 Pfister, G.: A.a.O., S. 45

65 Braunbeck, G. (Hrsg.): Lexikon 1912, S. 15; vergl. auch - Vorreiter, A. (Hrsg.): Jahrbuch 1912, S. 626

66 Stiasny-Archiv: Zeitungsausschnitt-sammlung. A.a.O.

67 Schmitt, G.: Fliegende Kisten von Kitty

Hawk bis Kiew ... A.a.O., S. 42, 57

68 Braunbeck, G. (Hrsg.): Lexikon 1911, S. 83

69 Vrowen veroveren de lucht (Frauen erobern die Luft). In: »Vliegwereld« (holl.), 1. Juli 1943, S. 199 f.

70 Braunbeck, G. (Hrsg.): Lexikon 1911, S. 83

71 Hoernes, H. (Hrsg.): A.a.O., S. 360

72 Braunbeck, G. (Hrsg.): Lexikon 1911, S. 322

73 Buch, H.; Strüber, D.: A.a.O., S. 31

74 Hildebrandt, A.: Aus dem Leben einer Luftschifferin. Stiasny-Archiv: Zeitungsausschnittsammlung. A.a.O.; vergl. auch - Deutschlands erste Fallschirmpilotin: In: »Berliner Börsen-Zeitung«, 22. Oktober 1932; vergl. ferner - Buch, H.; Strüber, D.: A.a.O., S. 32

75 Enderle, L.: Die Frau, die 147mal absprang. Ein Gespräch mit der Luftfahrtpionierin Kätchen Paulus. Stiasny-Archiv: Zeitungsausschnittsammlung. A.a.O.

76 Ebenda

77 Stiasny-Archiv: Zeitungsausschnittsammlung. A.a.O.

78 Bonnet, R.: Kätchen Paulus, die kühne Ballonfliegerin und erste deutsche Fallschirmspringerin. Bad Homburg 1965. Zitiert nach - Buch, H.; Strüber, D.: A.a.O., S. 33

79 »Illustrierte Aeronautische Mitteilungen«, Nr. 4/1899. Zitiert nach - Pfister, G.: A.a.O., S. 29

80 Enderle, L.: A.a.O.

81 Hildebrandt, A.: A.a.O.

82 Schmitt, G.: Als die Oldtimer flogen ... A.a.O., S. 85

83 Supf, P.: Das Buch der deutschen Fluggeschichte. Band I. A.a.O., S. 289

84 Deutschlands erste Fallschirmpilotin. In: »Berliner Börsen-Zeitung«, 22. Oktober 1932; vergl. auch - Froesch, J.: Das fliegende Fräulein. In: »Das Blatt der Hausfrau«, Berlin Nr. 3/1940

85 Froesch, J.: Das fliegende Fräulein. Ebenda

86 »Kätchens« einmalige Leistungen als Pionierin der Luftfahrt gewürdigt. In: »Berliner Morgenpost«, 27. Juli 1985

87 Ahner, H.: Melli Beese – die erste deutsche Flugzeugführerin. Ausstellungskatalog 2. Bezirks-Luftpostausstellung Dresden - veranstaltet aus Anlaß des 100. Geburtstages von Melli Beese. Dresden 1986, S. 1

88 Beese-Boutard, M.: Unser Flugplatz - in memoriam. In: »Der Luftweg«, Nr. 17-18/1921, S. 138 ff. (Der mehrteilige Aufsatz erschien zeitgleich auch in der Zeitschrift »Motor«, beginnend mit der Ausgabe Mai/Juni 1921, S. 153 ff.)

89 Schmitt, G.: Melli Beese (1868 - 1925) – die erste deutsche Motorfliegerin. In: Flieger-Jahrbuch 82. transpress VEB Verlag für Verkehrswesen, Berlin 1982, S. 109 ff.

90 Beese-Boutard, M.: A.a.O.

91 Vorreiter, A. (Hrsg.): Jahrbuch 1912, S. 513

92 Schmitt, G.: Melli Beese (1886 - 1925) ... A.a.O., S. 111

93 Ebenda, S. 112

94 Tilgenkamp, E.: Schweizer Luftfahrt. Band II. Aero-Verlag, Zürich 1941/42, S. 236

95 Gsell, R.: 25 Jahre Luftkutscher. Eugen Rentsch Verlag, Erlenbach-Zürich/Leipzig 1936, S. 32 f.

96 National-Flugspende. Jahresbericht für 1913. Reichsdruckerei Berlin, S. 31 f.

97 Ebenda, S. 33

98 Zentrales Staatsarchiv Potsdam: »Nationalflugspende«

99 Brief an das Kuratorium der

Nationalflugspende vom 10. September 1913. Zentrales Staatsarchiv Potsdam: »Nationalflugspende«

100 Spitzer, B.: Melli Beese, Bildhauerin, Pilotin - eine ungewöhnliche Frau. Heimatmuseum Treptow (Hrsg.), Berlin-Treptow 1992, S. 76 ff.

101 Dorner, H.: Das Dorner-Flugboot. In: »Zeitschrift für Flugtechnik und Motorluftschiffahrt«, H. 9/1914, S. 145 (Hervorh. im Original)

102 Anlage zum Brief der Geschäftsstelle »Ostseeflug Warnemünde 1914« an den Minister der öffentlichen Angelegenheiten v. 20. Juni 1914. Zentrales Staatsarchiv Merseburg, Rep. 120 Tn. Nr. 2, Bd. 2, Blatt 369 bis 371

103 Richter, H.: Melli Beese und Charles Boutard. In: Deutscher Flug-Almanach 1923 für Gleit- und Motorflugsport. Verlag Guido Hackebeil A. G., Berlin 1923, S. 97 f. (Hervorh. im Original)

104 Beese-Boutard, M.: Unser Flugplatz - in memoriam. A.a.O.

105 Ebenda

106 Braunbeck, G. (Hrsg.): Lexikon 1912, S. 222

107 Stiasny-Archiv: Zeitungsausschnittsammlung. A.a.O.

108 Die österreichischen Flugzeugführer. In: Jahresbericht des K. k. Österreichischen Flugtechnischen Vereins über das Vereinsjahr 1915/16. Wien 1917, S. 158; vergl. auch - Keimel, R.: Österreichs Luftfahrzeuge. Geschichte der Luftfahrt von den Anfängen bis Ende 1918. H. Weishaupt Verlag, Graz 1981, S. 95

109 Stiasny-Archiv: A.a.O.

110 Rasch, F. (Hrsg.): Jahrbuch des Deutschen Luftfahrer-Verbandes 1914. Berlin 1914, S. 135

111 Machatschek, H.: Aus der Geschichte der sowjetischen Luftfahrt – Leben und Leistungen berühmter Fliegerinnen. In: Flieger-Jahrbuch 80. transpress VEB Verlag für Verkehrswesen, Berlin 1979, S. 125

112 Schmitt, G.: Johannisthal – St. Petersburg. In: Fliegerkalender der DDR 1987. Militärverlag der DDR, Berlin 1986, S. 167 ff.

113 Supf, P.: Das Buch der deutschen Fluggeschichte. Band II. Verlagsanstalt Hermann Klemm A. G., Berlin 1935, S. 184

114 Möhring, C.: Mein erster Überlandflug. In: »Deutsche Flugwoche«. Katernberg-Essen, H. 4/1913, S. 68 f.

115 Supf, P.: Das Buch der deutschen Fluggeschichte. Band II. A.a.O., S. 202

116 Supf, P.: Ebenda - Band I. A.a.O., S. 403

117 »Deutsche Luftfahrer-Zeitschrift«, Nr. 20/1913

118 Tilgenkamp, E.: A.a.O., S. 237; vergl. auch - Supf, P.: Das Buch der deutschen Fluggeschichte. Band II. A.a.O., S. 203

119 Lange, B.: Typenhandbuch der deutschen Flugtechnik. Bernard & Graefe Verlag, Koblenz 1986, S. 69

120 Gilbert, J.: Meistens flogen sie doch. Schweizer Verlagshaus A. G., Zürich 1978, S. 42

121 Ebenda, S. 43

122 Ebenda, S. 44

123 Zitiert nach - Munson, K.: Pionierzeit. Flugzeuge der Jahre 1903 - 1914. Orell Füssli Verlag, Zürich 1969, S. 104

124 Munson, K.: Ebenda, S. 105

125 Gilbert, J.: A.a.O., S. 48

126 Wachtel, J.: A.a.O., S. 220

127 Braunbeck, G. (Hrsg.): Lexikon 1912,

S. 44, 179

128 Moolman, V.: A.a.O., S. 18

129 »Berliner Lokal-Anzeiger«, 17. März 1912

130 Neyen, E.: 1913 - Die Flugkunst am Scheidewege. Eigenverlag, Berlin 1913, S. 36 ff.; Braunbeck, G. (Hrsg.): Lexikon 1912, S. 145 ff.; Vorreiter, A. (Hrsg.): Jahrbuch 1912, S. 562 ff.; »Deutsche Zeitschrift für Luftschiffahrt«, Nr. 26/1911, S. 22 ff.; »Luftschiffahrt, Flugtechnik und -Sport«, Nr. 35-36/1911, S. 11 ff.

131 Schmitt, G.: Fliegende Kisten von Kitty Hawk bis Kiew ... A.a.O., S. 65

132 Burda, F. (Hrsg.): A.a.O., S. 33

133 Schmitt, G.: Fliegende Kisten von Kitty Hawk bis Kiew ... A.a.O., S. 18, 20 ff.

134 Moolman, V.: A.a.O., S. 12

135 Ebenda, S. 22

136 Ebenda

137 Ferber, F.: A.a.O., S. 61 ff.

138 Early Flight. From Dream to Reality (engl.). National Air and Space Museum, Smithsonian Institution (Hrsg.). Washington D.C. 1980, S. 45

139 Moolman, V.: A.a.O., S. 18

140 Schmitt, G.: Fliegende Kisten von Kitty Hawk bis Kiew ... A.a.O., S. 35 ff.

141 Moolman, V.: A.a.O., S. 18

142 Stiasny-Archiv: Zeitungsausschnittsammlung. A.a.O.

143 Braunbeck, G. (Hrsg.): Lexikon 1912, S. 277

144 Prendergast, C.: Pioniere der Luftfahrt. Time-Life Books B.V., Amsterdam 1981, S.103

145 Schmitt, G.: Fliegende Kisten von Kitty Hawk bis Kiew ... A.a.O., S. 71

146 Pfister, G.: A.a.O., S. 69; vergl. auch - Moolman, V.: A.a.O., S. 24

147 Zitiert nach - Pfister, G.: A.a.O., S. 69 f.

148 Zitiert nach - Moolman, V.: A.a.O., S. 23

149 Ebenda, S. 28

150 Ebenda

151 Ebenda, S. 32 f.

152 Pfister, G.: A.a.O., S. 84

153 Moolman, V.: A.a.O., S. 13

154 Ebenda, S. 31

155 Kurowski, F.: Berühmte Fliegerinnen. Fischer-Verlag, Göttingen 1974, S. 21

156 Moolman, V.: A.a.O., S. 35

157 Ebenda, S. 31

158 Pfister, G.: A.a.O., S. 85

159 Ebenda; vergl. auch - Moolman, V.: A.a.O., S. 29

160 Vorreiter, A. (Hrsg.): Jahrbuch 1912, S. 473

161 Schawrow, W. B.: Geschichte der Flugzeugkonstruktionen in der UdSSR bis zum Jahre 1938 (russ.). Verlag Maschinostrojenie, Moskau 1978, S. 31 ff.; vergl. auch - Duhs, P. D.: Die Geschichte der Luftschiffahrt und des Flugwesens in Russland (russ.). Verlag Maschinostrojenie, Moskau 1981, S. 170 ff.

162 Machatschek, H.: A.a.O., S. 125

163 Ebenda

164 Luftfahrtarchiv W. W. Korol, St. Petersburg

165 Ebenda

166 Machatschek, H.: A.a.O., S. 126

167 Schmitt, G.: Als die Oldtimer flogen ... A.a.O., S. 70 ff.

168 Fokker, A. H. G.; Gould, B.: Der fliegende Holländer. Das Leben des Fliegers und Flugzeugkonstrukteurs A. H. G. Fokker. Rascher & Cie. A.-G. Verlag, Zürich – Leipzig – Stuttgart 1933, S. 113 f., 118

169 Ebenda, S. 118 f.

170 »Flugsport«, Nr. 25/1912, S. 947 f.

171 Wischenkow, S.: Wer nichts wagt ... (russ.). Luftfahrtarchiv W. W. Korol, St. Petersburg

172 Schmitt-Archiv

173 Machatschek, H.: A.a.O., S. 127

174 Vergl. Korol, W.W.: Die erste Moskauer
    Fliegerin. In: »Krilja Rodinij« (Flügel der
    Heimat/russ.). Moskau, H. 8/1984, S. 36

175 Luftfahrtarchiv W.W. Korol, St. Petersburg

176 Keimel, R.: Österreichische Luftfahrzeuge.
    A.a.O., S. 95

177 Moolman, V.: A.a.O., S. 44

178 Vergl. Ebenda

179 Morgenstern, K.: Fliegen ist noch immer
    ihre Leidenschaft. In: »Holsteinischer
    Kurier« vom 29. Mai 1987

180 Beinhorn-Rosemeyer, E.: Berlin-Kapstadt-
    Berlin. Militärverlag Karl Siegismund,
    Berlin 1943, S. 5 ff.

181 Morgenstern, K.: A.a.O.

182 Bach, L.: Bordbuch D 2495. Zeitgeschichte-
    Verlag und Vertriebsgesellschaft mbH.,
    Berlin 1937, S. 36

183 Toggenburg, P.: Ein Mädchen im Dom. In:
    »Münchener Neueste Nachrichten« vom
    7. Dezember 1934

184 Demand, C.: Die großen Atlantikflüge.
    Motorbuchverlag, Stuttgart 1983, S. 66

185 Vergl. Moolman, V.: A.a.O., S. 85 ff.

186 Lange, B.: Typenhandbuch der deutschen
    Luftfahrttechnik. Bernard & Graefe Verlag,
    Koblenz 1986, S. 110

187 Uhse, B.: Mit Lust und Liebe - Mein Leben.
    Verlag Ullstein GmbH., Frankfurt/Main-
    Berlin 1989, S. 69

188 Ebenda, S. 69 f.

189 Nur Fliegen ist schöner? In:
    FLIEGERREVUE, H. 4/1991, S. 124

190 Vergl. Historischer Kalender. In:
    Fliegerkalender der DDR 1988.
    Militärverlag der DDR, Berlin 1988, S. 93 f.

Bildernachweis

Personenregister

Unternehmensregister